Mériam Azzouz

Fabrication d'un microdispositif vibrant et détection biologique

Mériam Azzouz

Fabrication d'un microdispositif vibrant et détection biologique

Procédé de fabrication et de réalisation d'un microdispositif vibrant pour de la détection en biologie

Presses Académiques Francophones

Impressum / Mentions légales
Bibliografische Information der Deutschen Nationalbibliothek: Die Deutsche Nationalbibliothek verzeichnet diese Publikation in der Deutschen Nationalbibliografie; detaillierte bibliografische Daten sind im Internet über http://dnb.d-nb.de abrufbar.
Alle in diesem Buch genannten Marken und Produktnamen unterliegen warenzeichen-, marken- oder patentrechtlichem Schutz bzw. sind Warenzeichen oder eingetragene Warenzeichen der jeweiligen Inhaber. Die Wiedergabe von Marken, Produktnamen, Gebrauchsnamen, Handelsnamen, Warenbezeichnungen u.s.w. in diesem Werk berechtigt auch ohne besondere Kennzeichnung nicht zu der Annahme, dass solche Namen im Sinne der Warenzeichen- und Markenschutzgesetzgebung als frei zu betrachten wären und daher von jedermann benutzt werden dürften.

Information bibliographique publiée par la Deutsche Nationalbibliothek: La Deutsche Nationalbibliothek inscrit cette publication à la Deutsche Nationalbibliografie; des données bibliographiques détaillées sont disponibles sur internet à l'adresse http://dnb.d-nb.de.
Toutes marques et noms de produits mentionnés dans ce livre demeurent sous la protection des marques, des marques déposées et des brevets, et sont des marques ou des marques déposées de leurs détenteurs respectifs. L'utilisation des marques, noms de produits, noms communs, noms commerciaux, descriptions de produits, etc, même sans qu'ils soient mentionnés de façon particulière dans ce livre ne signifie en aucune façon que ces noms peuvent être utilisés sans restriction à l'égard de la législation pour la protection des marques et des marques déposées et pourraient donc être utilisés par quiconque.

Coverbild / Photo de couverture: www.ingimage.com

Verlag / Editeur:
Presses Académiques Francophones
ist ein Imprint der / est une marque déposée de
OmniScriptum GmbH & Co. KG
Heinrich-Böcking-Str. 6-8, 66121 Saarbrücken, Deutschland / Allemagne
Email: info@presses-academiques.com

Herstellung: siehe letzte Seite /
Impression: voir la dernière page
ISBN: 978-3-8381-7920-9

Zugl. / Agréé par: Orsay, Université Paris Sud XI, 2012

Copyright / Droit d'auteur © 2014 OmniScriptum GmbH & Co. KG
Alle Rechte vorbehalten. / Tous droits réservés. Saarbrücken 2014

Table des matières

Chapitre I : Introduction   7

Chapitre II : Etat de l'art sur les capteurs biologiques   14

I- Capteurs de haute spécificité en biologie : les capteurs électrochimiques   15
    I.1- Biocapteurs ampérométriques   16
    I.2- Biocapteurs potentiométriques   18
    I.3- Biocapteurs conductimétriques   19

II- Capteurs ultrasensibles dans le domaine de la biologie   20
    I.1- Détection optique   20
        I.1.1- Détection utilisant des molécules fluorescentes   20
        I.1.2- Détection utilisant des quantum dots   21
            I.1.2.a- Description du principe   21
            I.1.2.b- Quelques exemples de détection par quantum dots   22
        I.1.3- Détection par plasmon de surface   23
            I.1.3.a- Description du principe   23
            I.1.3.b- Quelques exemples de détection par plasmon de surface   24
    I.2- Micro-capteurs de type microbalance à quartz   25
        I.2.1- Description du principe   25
        I.2.2- Quelques exemples de détection par microbalance à quartz   27
    I.3- Micro-capteurs à ondes acoustiques   27
        I.3.1- Description du principe   27
        I.3.2- Quelques exemples de détection par ondes acoustiques   28

III- Micro-leviers comme micro-capteurs en biologie   30
    III.1- En régime statique   30
        III.1.1- Technique de mesure de déflexion   31
            III.1.1.1- Mesure optique de la déflexion   31
            III.1.1.2- Mesure intégrée de la déflexion par détection piézorésistive   31
            III.1.1.3- Mesure intégrée de la déflexion par détection capacitive   32
            III.1.1.4- Mesure intégrée de la déflexion par détection piézoélectrique   32
        III.1.2- Quelques exemples de réalisation   32
    III.2- En régime dynamique   35
        III.2.1- Description du phénomène   35
        III.2.2- Méthodes d'actionnement des micro-poutres   36
            III.2.2.1- Actionnement piezoéléctrique   36
            III.2.2.2- Actionnement électromagnétique   37
            III.2.2.3- Actionnement électrostatique   37
            III.2.2.3- Actionnement thermodynamique   37
        III.2.3- Quelques exemples de micro-poutre vibrante   38
        III.2.4 -Systèmes avec micro-fluidique intégrée   39

IV– Conclusion   42

Chapitre III : Préparation chimique de surface en vue d'un greffage biologique   49

I- Généralités sur les techniques de fonctionnalisation chimique de surface   50
    I.1- Définition d'une couche auto-assemblée   50
    I.2- Fonctionnalisation chimique par silanisation   50
       I.2.1- Différents types d'organosilanes   51
          I.2.1.1- Composés aminosilanes   51
          I.2.1.2- Composés alkylsilanes   51
       I.2.2- Influence de la surface sur le procédé de silanisation   53
       I.2.3- Différentes techniques de silanisation   54
          I.2.3.1- Silanisation en phase gazeuse   54
          I.2.3.2- Silanisation par impression   54
          I.2.3.3- Silanisation en phase liquide   55
             I.2.3.3.1- Description du procédé de silanisation   55
             I.2.3.3.2- Paramètres physico-chimiques influant sur la réaction de silanisation   56
                I.2.3.3.2.a- Influence de la température   56
                I.2.3.3.2.b- Influence de l'humidité   57
                I.2.3.3.2.c- Influence du solvant   57
                I.2.3.3.2.d- Influence de la durée de silanisation   58

II- Protocole de fonctionnalisation chimique de surfaces en vue d'un greffage biologique   58
    II.1- Présentation du mécanisme réactionnel de fonctionnalisation de surfaces de siliciu   58
       II.1.1- Procédé de silanisation utilisant le 7-octenyltrichlorosilane   58
       II.1.2- Développement de fonctions carboxyliques par oxydation   59
    II.2-Description du dispositif expérimental de fonctionnalisation   60
       II.2.1- Dispositif de fonctionnalisation sur pleine plaque   60
       II.2.2- Dispositif de fonctionnalisation d'un canal fluidique sous flux   61
    II.3- Caractérisations physico-chimiques sur pleine plaque fonctionnalisées   62
       II.3.1- Analyses physico-chimiques de surface   62
          II.3.1.1- Analyse par angle de contact   63
          II.3.1.2- Analyse par spectroscopie infrarouge   64
          II.3.1.3- Analyse élémentaire par spectroscopie par photoémission à rayon X   65
          II.3.1.4- Analyse morphologique par AFM   71
       II.3.2- Optimisation de la durée de silanisation   72
          II.3.2.1- Analyse par angle de contact   73
          II.3.2.2- Analyse élémentaire par spectroscopie par photoémission à rayon X   73
       II.3.3- Bilan de l'étude de silanisation sur les échantillons pleine plaque   75
    II.4- Caractérisations physico-chimiques de canaux fluidiques fonctionnalisés   76
       II.4.1- Silanisation d'un canal au chloroforme   76
       II.4.2- Etude d'autres solvants de silanisation   76
          II.4.2.1- Analyse élémentaire par spectroscopie par photoémission à rayon X   77
          II.4.2.2- Analyse morphologique des canaux silanisés par AFM   79
          II.4.2.3- Bilan de la silanisation sous flux à température ambiante   80
       II.4.3- Optimisation du rendement de silanisation sous flux par refroidissement   81
          II.4.3.1- Analyse élémentaire par XPS de canaux silanisés par refroidissement   81
          II.4.3.2- Analyse morphologique par AFM silanisés par refroidissement   82

II.4.3.3- Etude complète de la fonctionnalisation de surface des canaux à l'octane   83
I.4.4- Bilan de l'étude de silanisation sous flux   85
II.5- Conclusion   85

Chapitre IV : Méthodes de greffage de protéines sur surface plane et en canal   88

I- Quelques notions préliminaires en biologie   89
  I-1- Différents mode de greffage des protéines   89
    I.1.1- Greffage non covalent   89
      I.1.1.1- Physisorption   89
      I.1.1.2- Bio-complexation   90
        I.1.1.2.a- Complexe streptavidine/biotine   90
        I.1.1.2.b- Métaux de transitions   91
        I.1.1.2.c- Protéine G et protéine A   92
    I.1.2- Greffage covalent   93
      I.1.2.1- Greffage covalent non spécifique   93
        I.1.2.1.a- Fonctions amines   94
        I.1.2.1.b- Fonctions thiols   95
        I.1.2.1.c- Fonctions carboxyles   96
      I.1.2.2- Greffage covalent spécifique   97
        I.1.2.2.a- Cyclo-addition de Diels-Alder   98
        I.1.2.2.b- Cyclo-addition 1,3-dipolaire   98
        I.1.2.2.c- Réaction de Staudinger   99
    I.1.3- Conclusion   100
  I.2- Exemples des anticorps   100
    I.2.1- Définition   100
    I.2.2- Exemple d'un immuno-essai   101
      I.2.2.1- Définition   101
      I.2.2.2- Test ELISA   102
    I.2.3- Laboratoire sur puces et biocapteurs   103
      I.2.3.1- Définition d'un laboratoire sur puce   103
      I.2.3.2- Immuno-essais sur puces   103
      I.2.3.3- Immuno-essais utilisant des nanoparticules magnétiques   105
      I.2.3.4- Dispositifs commerciaux   107

II- Etude du greffage de protéines sur des surfaces de silicium fonctionnalisées   108
  II.1- Caractérisation biologique des anticorps immobilisé sur des surfaces   108
    II.1.1- Homogénéité du greffage des anticorps   108
      II.1.1.1- Mode opératoire   109
      II.1.1.2- Résultats   109
    II.1.2- Orientation des anticorps greffés   110
      II.1.2.1- Mode opératoire   111
      II.1.2.2- Résultats   112
    II.1.3- Immuno-essai pour la détection d'un biomarqueur de la maladie d'Alzheimer   113
      II.1.3.1- Mode opératoire   114
      II.1.3.2- Résultats   114
    II.1.3- Greffage et capture de nanoparticules magnétiques   117
      II.1.3.1- Mode opératoire   117

II.1.3.2- Résultats	118
II.2-Mise en place d'un immuno-sandwich en mono-canal sous flux de liquide	119
II.2.1- Mode opératoire	119
II.2.2- Résultats	120
II.3- Conclusion	121

Chapitre V : Elaboration d'un micro-dispositif vibrant   126

I- Micro-fabrication d'une puce fluidique test   127
    I.1- Description de la puce   127
    I.2- Gravure du canal en phase liquide   127
    I.3- Elaboration de la puce capotée   133
        I.3.1- Fabrication du couvercle en PDMS   133
        I.3.2- Etude de l'efficacité de collage du couvercle PDMS-substrat   133
            I-3.2.1- Généralités concernant le collage de surfaces en utilisant un plasma O_2 133
            I-3.2.2- Etude de la mouillabilité de surfaces de PDMS traitées par plasma O_2 134
            I-3.2.3- Test de collage du couvercle de PDMS sur des surfaces   135
                I-3.2.3.a- Traitement plasma du substrat et du couvercle de PDMS   135
                I-3.2.3.b- Traitement plasma du couvercle de PDMS   137
                I-3.2.3.c- Traitement plasma du substrat   137
        I.3.3- Récapitulatif du procédé complet de fabrication de la puce fluidique   139

II- Elaboration et scellement de des micro-canaux pour la fabrication d'un dispositif vibrant   139
    II.1- Présentation de l'étude   139
    II.2- Gravure des micro-canaux   140
        II.2.1- Description de l'étude de gravure   140
        II.2.2- Gravure des canaux   140
            II.2.2.1- Gravure anisotrope des canaux   141
            II.2.2.2- Gravure isotrope des canaux   142
            II.2.2.3- Conclusion   144
    II.3- Croissance et dépôt de films pour la fermeture du micro-canal   145
        II.3.1- Description de l'étude de rebouchage   145
        II.3.2- Différents essai de rebouchage par croissances ou dépôt de films   145
            II.3.2.1- Fermeture des canaux par croissance de silicium par évaporation   145
            II.3.2.2- Fermeture des canaux par croissance de silicium par pulvérisation cathodique   147
            II.3.2.3- Fermeture des canaux par croissance d'un film de silice par PECVD   152
            II.3.2.4- Fermeture des canaux par un dépôt de polymère   153
        II.3.4- Conclusion   154
    II.4- Fermeture de la cavité par transfert de motifs   154

III- Procédé complet de fabrication de la micro-poutre creuse   157
    III.1- Conception des micro-dispositifs vibrant   157
    III.2- Description du procédé   159

IV- Conclusion   162

Conclusion générale 166

Annexes 168

Annexe A : Liste des abréviations et symboles utilisés 168
Annexe B : Liste et structure chimique des acides aminées 170
Annexe C : Angle de contact 172
Annexe D : PDMS 173
Annexe E : Principe du XPS 174
Annexe F : Protocole d'immuno-essai enzymatique 175
Annexe G : Protocole d'immuno-essai de type immuno-sandwich 176
Annexe H : Immobilisation non-orientée des anticorps sur des billes magnétiques 177
Annexe I : Immobilisation de billes magnétiques sur surfaces de silicium 178
Annexe J : Généralités sur les techniques de gravure sèche 179
Annexe K : Généralités sur la croissance de films minces 181
Annexe L : BCB 185

Chapitre I : Introduction

De nos jours, il existe une forte demande de dispositifs analytiques permettant une détection intégrée d'entités biologiques, fiable, rapide et peu coûteuse. Dans le cadre de cette thèse qui s'est effectuée en collaboration entre le département MINASYS (Micro et Nano-Système) de l'Institut d'Electronique Fondamental (IEF) et le Laboratoire Protéines et Nanotechnologies en Sciences Séparatives de la Faculté de Pharmacie de Châtenay-Malabry, nous avons désiré développer la réalisation d'un capteur pour de la détection ultra-sensible et spécifique de protéines.

L'objectif est d'élaborer un biocapteur en utilisant la très haute sensibilité des micro-résonateurs de type micro-poutres en silicium monocristallin ainsi que la spécificité de greffage et de reconnaissance protéinique. Ce microsystème pourra ainsi permettre la détection spécifique d'entités biologiques à l'état de traces afin de diagnostiquer une maladie à son tout premier stade ou de détecter les biomarqueurs dans des liquides complexes comme le sang ou l'urine par exemple.

Les micro-poutres en silicium sont particulièrement adaptées pour la détection ultra-sensible de masse. En absence d'amortissement, la fréquence de résonance f_R d'un résonateur mécanique dépend de sa constante de raideur **k** et de la masse effective du résonateur **m** :

$$f_R = \frac{1}{2\pi}\sqrt{\frac{k}{m}} \qquad \text{Equation I.1}$$

L'adsorption d'espèces chimiques ou biologiques modifie cette raideur et augmente la masse : la fréquence de résonance est donc modifiée ainsi que le facteur de qualité. Nous verrons dans le **Chapitre II** que beaucoup d'équipes utilisent des microbalances à quartz ou des résonateurs en silicium pour détecter cette adsorption. Ainsi, il est possible de détecter des variations de fréquence extrêmement faibles ($\frac{\Delta f}{f} \approx 10^{-5}$). Nous pouvons remarquer que pour détecter de très faibles variations de masse, la masse du résonateur doit être la plus faible possible, ce qui implique l'utilisation de micro-résonateurs mécaniques de type micro-pont ou micro-poutre de très faibles dimensions. Le silicium est un matériau particulièrement adapté de part ses propriétés de dureté et de viscoélasticité. Il a ainsi été montré qu'il était possible de détecter sous vide des variations de masse ultimes de 10^{-21}g avec ce type de micro-dispositif [**Yan06**]. Néanmoins, les interactions biologiques nécessitent généralement la présence d'une phase liquide, ce qui est particulièrement défavorable aux performances de sensibilité : l'amortissement dû à la viscosité du milieu fait chuter le facteur de qualité de ces structures de manière considérable.

Afin de coupler la sensibilité et la spécificité de la mesure, l'idée innovante, inspirée des travaux d'une équipe américaine [**Bur07**], est de développer une structure vibrante dont le fluide d'intérêt passe à l'intérieur de la poutre en silicium dans des canaux hermétiques, permettant ainsi de travailler sous vide et de s'affranchir des problèmes d'amortissement mécanique des structures et donc de maintenir des valeurs élevées du facteur de qualité (**Figure I.1**).

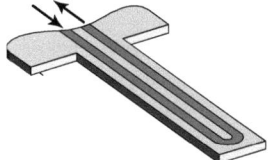

Figure I.1 : Schéma d'une micro-poutre avec canal fluidique

Pour augmenter la sensibilité du biocapteur lors de la mesure de la fréquence de résonance après greffage des biomarqueurs, il est important d'avoir une amplification de masse significative. Comme la masse des protéines d'intérêt est trop faibles, dans notre cas, les anticorps de reconnaissance seront fixés sur des nanoparticules qui joueront alors le rôle d'amplificateur de masse. Les nanoparticules devront alors à leur tour s'adsorber à l'intérieur de la poutre à la surface des canaux sur le complexes d'anticorps et d'antigènes de capture: ce système permettra d'obtenir un immuno-essai de type immuno-sandwich (**Figure I.2**) visant à obtenir une variation de masse importante ainsi qu'une variation de la fréquence de résonance élevée et donc une détection ultra-sensible et spécifique.

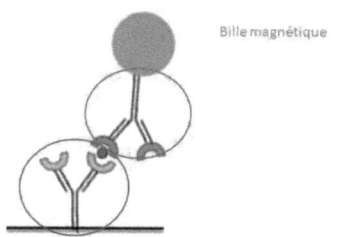

Figure I.2 : Schéma d'un immuno-essai de type immuno-sandwich sur surface de silicium avec nanoparticules

L'objectif est bien d'établir des liaisons covalentes entre la surface du silicium et les protéines et ainsi d'avoir une spécificité de greffage des protéines sur silicium. Mais il est chimiquement impossible de lier directement des protéines à une surface de silicium. Par ailleurs, le greffage de protéines sur des surfaces solides peut être délicat compte-tenu de la nature métastable de beaucoup de protéines ainsi que de leur grande variété de propriétés physico-chimiques. L'interaction de la protéine sur une surface solide sans revêtement peut entraîner sa dénaturation et conduire à une perte de sa fonction biologique. Pour pallier ce problème, il a été envisagé de fonctionnaliser chimiquement la surface des canaux, c'est-à-dire de créer sur celle-ci des groupements chimiques particuliers qui pourront former un lien covalent avec les protéines à greffer. Cette opération consiste à greffer un organosilane sur le silicium via des liaisons Si-O-Si qui se créent entre la surface de silicium et le silane. Pour pouvoir obtenir un greffage biologique robuste et performant à l'intérieur de la poutre, le greffage d'organosilane est réalisé dans une phase liquide afin de fonctionnaliser directement à la surface des canaux de la poutre en éjectant le liquide réactionnel dans la poutre.

Nous avons voulu développer un biocapteur dédié plus spécifiquement à la détection d'un biomarqueur de la maladie d'Alzheimer. Certains marqueurs, comme le peptide amyloïde Aβ 1-42, qui est responsable de la formation des plaques séniles, sont présents dans le cerveau des personnes atteintes de maladies dégénératives [Isr12]. Ce biomarqueur de la maladie d'Alzheimer, est également présent à un taux extrêmement faible dans les échantillons sanguins. Il n'est donc pas détectable dans le sang par la méthode de référence actuelle, l'immuno-essai de type ELISA [Har02] [Isr12] [Mot95]. Or il est d'une importance cruciale de pouvoir diagnostiquer une pathologie neurodégénérative à un stade très précoce. En effet, à l'heure actuelle la détection, du peptide amyloïde Aβ 1-42 nécessite le recours à une ponction du liquide céphalorachidien, qui est réalisée chez des patients présentant des signes cliniques correspondants déjà à un stade avancé de la maladie. Ceci nécessite inévitablement une ponction lombaire, geste médical extrêmement délicat, réalisé dans un environnement médical spécifique, limitant ainsi ; (i) la possibilité de réaliser un suivi physiopathologique rigoureux à l'aide de ces marqueurs, (ii) la possibilité de diagnostiquer la pathologie à un stade précoce avant que ne surviennent des lésions neurologiques irréversibles, (iii) la possibilité de mettre en place une prise en charge thérapeutique optimale [Ott08]. C'est pourquoi ce biocapteur permettant la détermination du taux sanguin d'Aβ amyloïde 1-42, est d'un grand intérêt pour ce type de pathologie neurodégénérative. L'utilisation d'un capteur ultrasensible est donc indispensable. C'est à cette protéine que nous nous sommes plus particulièrement intéressés dans cette étude.

Pour développer le biocapteur, il est nécessaire de maîtriser chaque étape de la conception. Elle est composée de trois axes: (i) la fonctionnalisation chimique pour permettre une spécificité de greffage biologique des protéines, (ii) le greffage biologique pour réaliser un immuno-essai dédié à la détection et la quantification du biomarqueur cible, le peptide amyloïde Aβ 1-42, (iii) ainsi que la micro-fabrication du dispositif vibrant. La stratégie adoptée tout au long des travaux de thèse est illustrée par la **Figure I.3**.

Dans une première partie de ce manuscrit, nous décrirons le principe de fonctionnement des capteurs intégrables couramment utilisés pour la détection de biomolécules et comparerons leurs performances (**Chapitre II**).

Une seconde partie de ce doctorat à consister à fonctionnaliser chimiquement la surface (**Chapitre III**). Dans un premier temps, elle a été réalisée sur des surfaces planes de silicium (une fonctionnalisation en mode statique). Après avoir optimisé les conditions de greffage de l'organosilane, la fonctionnalisation chimique peut être accomplie sous condition fluidique. La silanisation réalisée sous flux permettra de nous rapprocher de la configuration finale, c'est-à-dire de l'utilisation de micro-poutres creuses comme capteurs. Pour cela, une puce fluidique test est fabriquée par les techniques classiques de micro-fabrication. Cette puce est utile pour l'étude de la fonctionnalisation chimique en condition fluidique et pour des caractérisations physico-chimiques de la surface du canal. En effet, il s'agit de réaliser des canaux fluidiques dans une surface de silicium présentant des dimensions compatibles avec la largeur des faisceaux d'analyse et la limite de résolution des techniques de caractérisation utilisées (microscopie optique, XPS, FTIR), une largeur supérieure à celle des canaux du micro-résonateur final. De plus, afin de pouvoir accéder à la surface du canal pour effectuer des observations optiques, le capot est transparent et amovible.

Après avoir décrit les notions de reconnaissance spécifique d'entités biologiques, les différents modes d'immobilisation des protéines sur les surfaces fonctionnalisées, ainsi que quelques exemples d'applications à la détection de protéines pour le développement de laboratoires sur puces, nous avons ensuite étudié sur ces surfaces fonctionnalisées le greffage biologique des anticorps (**Chapitre IV**). Il a d'abord été validé sur des surfaces planes de silicium fonctionnalisées. Par ailleurs, afin d'évaluer la possibilité de détecter le peptide amyloïde Aβ 1-42, nous avons réalisé un immuno-essai de type immuno-sandwich. Les résultats obtenus permettent ensuite d'envisager le greffage en condition fluidique dans la puce test. En parallèle, pour pouvoir réaliser l'amplification de masse dans le micro-résonateur vibrant, nous avons développé une méthode de greffage des protéines sur des nanoparticules magnétiques.

En parallèle de l'optimisation des conditions de fonctionnalisation de surface et de greffage biologique, la conception de la poutre ainsi que sa réalisation sont entreprises (**Chapitre IV**). Nous avons essayé au cours de cette thèse de réaliser ce type de structure "tout silicium" afin d'avoir un facteur de qualité important. Les développements technologiques effectués pour la réalisation du dispositif de type résonateur à canaux enterrés s'est révélé difficile. En effet, il s'agit d'un procédé de fabrication complexe nécessitant une grande maîtrise d'un grand nombre de procédés (dépôts de matériaux, structuration par enrésinement de résines photosensibles, lithographies et gravures). Il était important en premier lieu de définir toutes les étapes de micro-fabrication de la poutre vibrante afin de concevoir les masques de lithographie nécessaires à la fabrication du biocapteur. Concernant la fabrication, après avoir dessiné les masques grâce à l'utilisation d'un logiciel, nous avons dû d'abord développer un procédé de fabrication des micro-canaux, puis une technique de scellement étanche de ces derniers. Ainsi dans les dispositifs de l'équipe de Burg, le scellement des canaux est assuré par le collage d'un substrat de verre sur un substrat SOI (Silicon On Insulator) contenant les canaux (**Figure I.4**). Mais ce procédé d'élaboration implique une grande maîtrise de l'alignement des deux substrats. Dans notre cas, après quelques séries de collages non concluantes, nous avons opté pour une croissance de film au niveau de la section émergente des canaux contenus dans un substrat SOI. Un substrat de type SOI contient une couche de silice enterrée permettant contrôler la gravure en dehors du motif de la poutre. Les étapes suivantes consistent en une gravure localisée de la structure vibrante du micro-résonateur grâce à la couche de silice enterrée dans le SOI. Le processus de fabrication de micro-canaux et les différentes des résultats préliminaires obtenus en vue de la fabrication du micro-capteur de type poutre résonante ont été détaillés. Enfin, le procédé complet d'élaboration de la micro-poutre vibrante a été présenté.

Nous verrons donc dans ce manuscrit les trois axes d'étude qui constituent des briques essentielles à assembler pour l'élaboration du dispositif complet de détection d'un marqueur biologique.

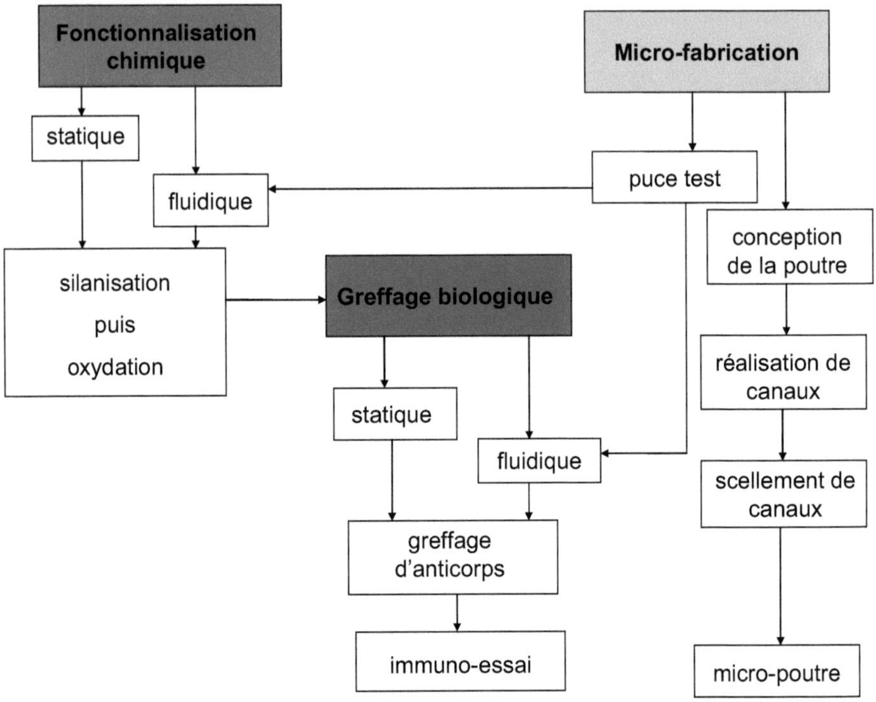

Chapitre I : Introduction

Figure I.3 : Schéma de stratégie adopté pour les travaux de thèse

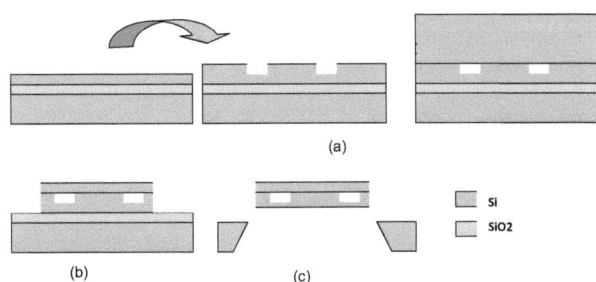

(b)　　　　　　　　　(c)

Figure I.4 : Schéma de stratégie de fabrication adopté l'équipe de Burg pour la fabrication de micro-poutre à canaux enterrés (a) gravure des canaux sur un substrat SOI et le scellement hermétique par le collage d'un substrat sur le substrat SOI contenant les canaux (b) gravure de la face avant du résonateur, (c) libération de la poutre par gravure de la face arrière du SOI

Références bibliographiques

[Bur07] Burg T., M. Godin M., Weighing of biomolecules, *single cells and single nanoparticles in fluid*, Nature, 2007, 446, 1066
[Har02] Hardy, *The Amyloid Hypothesis of Alzheimer's Disease: Progress and Problems on the Road to Therapeutics*, Science, 19, 2002, 353-356
[Isr12] Israel M. A., *Probing sporadic and familial Alzheimer's disease using induced pluripotent stem cells*, Nature, 2012, 1
[Nao05] Haddour N., S. Cosnier S. Gondran C., *Electrogeneration of a Poly(pyrrole)-NTA Chelator Film for a Reversible Oriented Immobilization of Histidine-Tagged Proteins*, J. Am. Chem. Soc., 127, 2005, 5752
[Ott08] Otto M., Methods, 2008, 44, 4, 289-98
[Yan06] Yang Y. T, Callegari C., Feng X. L., Ekinci K. L., Roukes M. L., *Zeptogram-Scale Nanomechanical Mass Sensing*, Nano Lett., 2006, 6, 4, 583

Chapitre II : Etat de l'art sur les capteurs biologiques

Chapitre II : Etat de l'art sur les capteurs biologiques

Dans le domaine de la biologie, contrairement à ce que nous retrouvons souvent dans le domaine de la chimie ou de la physique, il est indispensable de coupler la détection ultrasensible et ultra-spécifique. Ainsi, il est fréquent de rencontrer dans la littérature des records de détection ultra-sensible mais, en biologie, il s'agit tout aussi bien de devoir détecter des traces mais en plus, il est nécessaire de détecter l'espèce d'intérêt parmi beaucoup d'autres. Il est encore plus difficile d'isoler celle-ci dans des fluides complexes comme le sang ou l'urine par exemple. Aussi, il nous a semblé important de présenter dans ce chapitre, quelques exemples de capteurs utilisés couramment dans le domaine de la biologie en nous limitant toutefois aux capteurs facilement intégrables puisque ce que nous visons est bien de réaliser de véritables laboratoires sur puce. Nous commencerons par présenter les capteurs les plus spécifiques, à savoir les capteurs électrochimiques. Puis, nous décrirons les modes de détection utilisés lorsque nous souhaitons détecter une espèce de manière ultra-sensible. Enfin, nous décrirons de manière un peu plus détaillée, les différents types de micro-résonateurs utilisés pour la détection d'espèces biologiques.

I- Capteurs de haute spécificité en biologie : les capteurs électrochimiques

Le développement des biocapteurs nécessite l'élaboration de transducteurs spécifiques et d'un élément de reconnaissance moléculaire. Les deux éléments doivent être intégrés dans un seul dispositif permettant de doser directement l'analyte d'intérêt sans l'ajout d'autres réactifs ou de prétraitement de l'échantillon **(Figure II. 1)**. Le capteur agit alors en tant que détecteur, convertissant l'évènement de reconnaissance moléculaire en un signal facilement mesurable. Les biocapteurs sont munis d'une reconnaissance moléculaire qui correspond à un système de reconnaissance spécifique de l'entité à détecter : la fabrication de ce dernier nécessite donc une fonctionnalisation de surface du capteur. Bien évidement la fonctionnalisation de surface d'un biocapteur est envisagée en fonction de la chimie de l'entité biologique à caractériser : ce point sera approfondi dans le **Chapitre III**.

Parmi les différents capteurs permettant d'identifier la présence d'entités biologiques et de les quantifier, les biocapteurs électrochimiques sont extrêmement attractifs car ils permettent en travaillant à différents potentiels ou courants, d'analyser la présence de différents constituants. Les biocapteurs électrochimiques peuvent être ampérométriques, potentiométriques, ou conductimétriques.

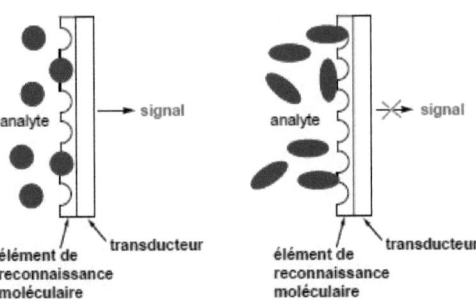

Figure II. 1 : Représentation schématique d'un biocapteur

I.1- Biocapteurs ampérométriques

Le principe de détection des biocapteurs ampérométriques repose sur la mesure du courant généré par une réaction d'oxydo-réduction entre une électrode de référence, généralement en platine et une électrode sur laquelle est fixée une enzyme réactive. Le changement de l'intensité du courant obtenu pour un potentiel fixé, informe sur la création de charges dans le milieu. Ce type de capteurs existe depuis plusieurs dizaines années et sont maintenant suffisamment fiables pour être commercialisés à grande échelle.

Prenons l'exemple de la mesure du taux de glucose dans le sang, utile à de nombreux patients diabétiques. Certains biocapteurs sont commercialisés par la société Yellow Spring Instruments Company® (Ohio). Ceux-ci exploitent la réaction d'oxydo-réduction existant entre la glucose oxydase et l'oxygène **(Figure II. 2)**. En effet, la conversion de D-glucose (substrat) en gluconolactone (produit) est détectée électriquement selon les réactions suivantes :

Substrat + $O_2 \rightarrow$ produit + H_2O_2 **Equation II.1**
$H_2O_2 \rightarrow 2H^+ + O_2 + 2e^-$ **Equation II.2**

La concentration en glucose présente dans le milieu est directement liée à la variation de la concentration en hydrogène ou à celle de l'oxygène produit lors de cette réaction. En mesurant le courant d'oxydation induit par les électrons sur une électrode de platine polarisé à + 0.7V par rapport à une électrode de référence Ag/AgCl, il est ainsi possible de mesurer la concentration en peroxyde d'hydrogène. Ce biocapteur permet une mesure de concentration de glucose de l'ordre de 1 à 45mM. L'enzyme, la glucose oxydase, est confinée entre deux membranes, l'une est du polycarbonate qui est perméable au glucose, l'autre est composée d'acétate de cellulose perméable aux molécules de taille égale au peroxyde d'hydrogène. La réponse de ce capteur est linéaire.

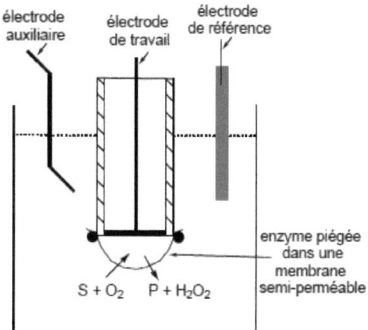

Capteur ampérométrique

Figure II. 2 : Principe d'un biocapteur ampérométriques avec une membrane enzymatique pour la détection du glucose [Esi12]

Depuis le premier prototype crée en 1962 par Clarks et Lyons [**Cla62**], ce dispositif a permis de détecter du sucrose, du lactose, du L-lactate, du galactose, du glutamate, de la glutamine, de la choline, de l'éthanol et du méthanol [**Jaf94**]. Ainsi, dans le domaine médical, cette technique a été intégrée dans des systèmes simples utilisés par des patients souffrant de diabète (**Figure II.3 a**). Dans ce type de système, les électrodes sont directement présentes sur des bandelettes à usage unique permettant la collecte de l'échantillon de sang [**Wan01**]. Cette technologie non intrusive développée par l'Université de Californie (San Francisco) a permis à l'entreprise Cygnus Therapeutic Corporation (Redwood City, CA.) de réaliser une montre mesurant le glucose dans le sang via le liquide interstitiel (**Figure II. 3 b**) [**Smi09**]. Il s'agit d'un dispositif transdermique intégré dans une montre appelée GlucoWatch : la montre diffuse un courant électrique pour extraire les molécules de glucose de l'organisme et cette électro-transport à travers les pores de l'épiderme est détecté par un patch adhérant à la peau. La montre affiche ainsi en temps réel le taux de glycémie grâce au patch qui transmet l'information.

Ce capteur est à présent extrêmement mature et est ainsi utile à de nombreux malades. Mais, rappelons que la détection du glucose est relativement favorable à la mesure ampérométrique. Celle-ci ne peut actuellement être utilisée pour la détection de toutes les entités biologiques.

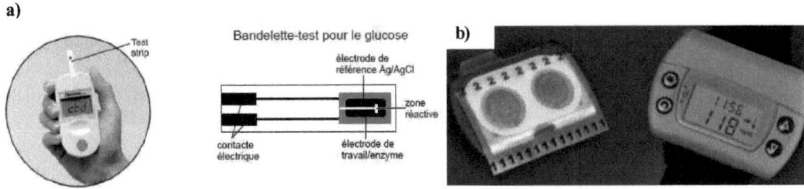

Figure II. 3 : a) Glycomètre avec bandelette test pour glucose b) montre glucoWatch de Cygnus Inc., Redwood City, CA, USA avec patch [Cygnus]

I.2- Biocapteurs potentiométriques

Les biocapteurs potentiométriques reposent sur la détection du changement de potentiel à courant constant, la mesure de la différence de potentiel étant effectuée entre une électrode de référence et une électrode de travail **[Shin98] [Konc07]**. Le principe de mesure est alors très semblable à celui présenté par la **Figure II. 2**.

Dans la littérature, nous pouvons rencontrer différentes entités biologiques à détecter. Il peut s'agir d'enzyme mais également de cellule **(Figure II. 4)**. Le choix de l'électrode détermine le mode de mesure. En effet, le capteur peut être sensible au pH, à la présence de fluorure ou de sulfure, de CO_2 ou d'ion ammonium via des électrodes à gaz dissous. Les capteurs potentiométriques permettent la détection de micro-organismes, ou d'anticorps marqué avec une enzyme **[Pad96]**.

Prenons exemple le capteur à électrode de Séveringhaus : il permet de détecter le CO_2 dissous dans une solution aqueuse grâce à une variation du pH. La variation de pH est détectée par l'intermédiaire d'un gel de carbonate de sodium contenu dans une membrane en téflon. Il permet de détecter une concentration minimum de 10^{-5}M de CO_2 dissous dans le sang lors de tests médicaux.

Il faut néanmoins noter que les biocapteurs potentiométriques sont moins rapides, moins sensibles, moins précis que les biocapteurs ampérométriques.

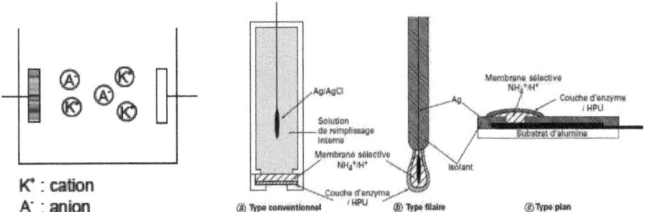

Figure II. 4 : Principe d'un capteur potentiométrique et schémas de différentes géométries de biocapteurs potentiométriques [Deb10]

I.3- Biocapteurs conductimétriques

Pour les biocapteurs conductimétriques, la détection est réalisée par l'intermédiaire de la mesure de la variation de l'impédance électrique entre deux électrodes sur lesquelles un biorécepteur est lié et réagit avec l'analyte à quantifier [Deb10]. Rappelons que la conductance électrique **G** d'un corps (en Siemens), qui est l'inverse de l'impédance, est proportionnelle à la surface **S** et à la conductance spécifique ou conductivité, caractéristique du corps γ (en siemens/cm) et inversement proportionnelle à la longueur du conducteur, l :

$$G = \frac{\gamma S}{l}$$

Equation II.3

La conductivité est proportionnelle à la concentration de l'électrolyte. Elle permet donc de mesurer les variations d'espèces chargées produites lors de réactions enzymatiques. La mesure de la conductance est réalisée par un courant alternatif pour empêcher les effets de polarisation des électrodes qui pourrait entraîner une électrolyse et un changement de résistance du milieu. Il existe différents modèles de cellules de conductimètre. Les cellules de laboratoire sont ainsi faites d'une structure en verre avec plaques de platine (**Figure II. 5**). Pour ce qui est des cellules conductimétriques industrielles, elles sont soit à électrodes annulaires concentriques, soit à électrodes colinéaires, ou à électrodes planes parallèles. Afin d'être plus résistantes, elles sont en carbone ou encore en acier inoxydable.

De nombreux brevets ont été réalisés pour des applications dans le domaine biomédical, pour la détermination de la quantité de glucose dans le sang ou dans l'urine [Hu85] [Tos85]. Mais, il est difficile dans ce cas de rendre la mesure réellement sélective [Deb10].

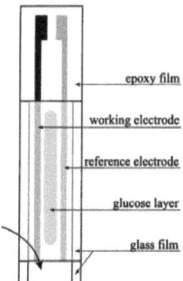

Figure II. 5 : Schéma d'une cellule conductimétrique [Kim01]

Ainsi, nous venons de voir que les capteurs électrochimiques sont extrêmement utilisés dans le domaine médical et dans les laboratoires d'analyse. Leur développement est relativement important et extrêmement attractif pour de nombreuses applications. Cependant, il faut identifier le courant et le potentiel de réactions spécifiques dû à de nombreuses espèces et isoler électriquement les signaux significatifs.

II- Capteurs ultrasensibles dans le domaine de la biologie

II.1- Détection optique

En biologie, la plus ancienne technique pour observer une préparation est de l'éclairer avec une lampe. Les molécules présentent dans le milieu peuvent alors interagir avec la lumière en absorbant certaines longueurs d'ondes de la lumière émise. L'observation est réalisée soit par microscopie en lumière directe en provoquant un déphasage des rayons lumineux, soit par microscopie en contraste de phases en émettant de la lumière à une autre longueur d'onde que celle d'origine, soit par microscopie confocale à fluorescence.

Pour la détection des entités biologiques dans des milieux complexes, la méthode la plus classique est le marquage par une sonde fluorescente. Différentes sondes fluorescentes peuvent être utilisées comme marqueurs biologiques. Ainsi les fluorophores peuvent être des molécules organiques, des protéines auto-fluorescentes, ou des quantums dots.

II.1.1- Détection utilisant des molécules fluorescentes

Le principe repose une interaction ligand-analyte qui se traduit par une émission de fluorescence. En effet, la détection par fluorescence repose sur la capacité qu'à une substance chimique d'émettre de la fluorescence après excitation. En règle générale, les fluorochromes ou fluorophores sont des composés constitués de plusieurs noyaux aromatiques conjugués ou de molécules planes et cycliques possédant des liaisons π. Ils possèdent les propriétés d'absorber de l'énergie lumineuse et de l'émettre sous forme de lumière fluorescente (lumière d'émission), qui se caractérise par l'émission rapide d'un photon. C'est le retour de la molécule à son état fondamental qui induit l'émission de la fluorescence.

La révélation de l'analyte peut être liée à l'utilisation d'un anticorps secondaire marqué avec une sonde fluorescente. L'interaction peut également se traduire par l'expression d'une protéine naturellement fluorescente, comme la GFP (Green Fluorescent Protein). Les fluorophores se divisent en deux catégories : les fluorophores intrinsèques et les fluorophores extrinsèques.

Les fluorophores intrinsèques sont naturels. Ils incluent les acides aminés aromatiques, les flavines, les dérivés pyridoxals ou les chlorophylles. Le phénomène de fluorescence intrinsèque des protéines est dû aux résidus tryptophane, tyrosine et phénylalanine : la présence de ces acides aminés implique une cyclisation et une émission de fluorescence (**Figure II. 6**).

Les fluorophores extrinsèques sont additionnés à l'échantillon pour produire de la fluorescence. Ils sont utilisés lorsque la molécule d'intérêt n'est pas fluorescente. Dans ce cas, deux types de fluorophores existent. La fluorescence peut ne pas être dûe à une liaison covalente entre les entités biologiques et le fluorophore (**Figure II.7 a**), comme l'acide 8-anilino-1-naphtalènesulfonique (ANS), l'acridine Orange et le bromure d'éthidium, la DAPI et l'hoechst 33342. Néanmoins, les fluorophores avec lien covalent restent les plus couramment utilisés. Les plus connus sont les rhodamines, les fluorescéines (par exemple la

FITC), le chlorure de dansyl et les cyanines (**Figure II.7 b**). Dans ce cas, les fluorophores peuvent être liés aux protéines par les groupements amino, thiol ou carboxyles présents dans la séquence peptidique de la protéine.

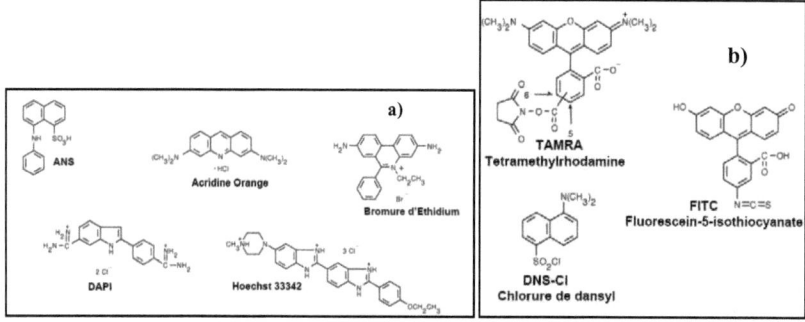

Figure II. 6: Exemples de fluorophores extrinsèques a) sans lien covalent, b) avec lien covalent [Tou12]

Figure II. 7 : Phénomène de fluorescence pour la GFP en présence de Tyrosine [Tou12]

II.1.2- Détection utilisant des quantum dots

I.1.2.1- Description du principe

Très utilisés en biologie, les boites quantiques ou ''quantum dots'' sont tout simplement des cristaux semi-conducteurs de dimensions nanométriques de 2nm à 10nm présentant des propriétés de fluorescence ajustables par le contrôle de leur diamètre [**Hil12**] (**Tableau II. 1**).

Type de Quantum dots	Diamètre (nm)	Emission (nm)
CdSe	1.9-6.7	465-640
CdSe/ZnS	2.9-6.1	490-620
CdTe/CdS	3.7-4.8	620-680
PbS	2.2-9.8	850-2100
PbSe	3.5-9	1200-2340

Tableau II. 1 : Propriétés de quelques quantums dots

La faible taille des boites quantiques leur confère les propriétés de puits de potentiel. Il existe ainsi un confinement dans les trois dimensions de l'espace des électrons et des lacunes quantiques. L'excitation d'un quantum dot par un rayonnement extérieur (laser ou la lampe UV d'un microscope) entraîne la création de paire d'électrons et de lacunes : il en résulte une émission de photons dont la longueur d'onde d'émission correspond à l'énergie de recombinaison entre les niveaux fondamentaux de l'électron et de la lacune. A titre d'exemple, la **Figure II. 8** nous montre les spectres d'absorption et d'émission de nano-cristaux de CdSe obtenus à partir d'une excitation dans le proche UV en fonction de leur taille.

Les boites quantiques ont un spectre d'émission aussi étroit que celui d'un atome et un spectre d'absorption équivalent à celui d'un cristal. Ces propriétés sont des avantages pour l'utilisation des quantums dots comme sonde dans le domaine biologique. De plus, les matériaux dont ils sont composés permettent une incorporation dans toutes sortes d'environnement en particulier les milieux aqueux. Ils peuvent aussi être modifiés chimiquement ce qui leur confère une forte spécificité. Les boites quantiques peuvent ainsi être liées à la protéine à quantifier par attraction électrostatique, hydrophobe, par un greffage par des liaisons covalentes, ou par accumulation de nanoparticules.

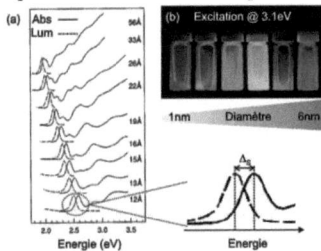

Figure II. 8 : (a) Spectres d'absorption et d'émission de nano-cristaux de CdSe de différentes tailles obtenus à partir d'une excitation dans le proche UV, (b) Mise en évidence de l'accordabilité de l'émission des nano-cristaux de CdSe en fonction du diamètre [Efr96]

I.1.2.2- Quelques exemples de détection par quantum dots

Dans le cadre de la détection d'entités biologiques, le greffage chimique d'antigènes avec les quantum dots (mis en contact dans un milieu aqueux) permet de repérer dans un milieu complexe la présence de la molécule d'intérêt. Ceux-ci sont utilisés dans le cadre d'analyses biologiques communément appelée immunofluorescence. Il a été montré qu'avec une concentration de quantum dots de 0.96nM, il est possible de détecter le signal d'un marqueur biologique d'une tumeur ovarienne à une concentration de 4.8fM [**Ho05**]. Dans le cadre d'essai in vitro, nous pouvons citer les travaux de Geissler, qui ont permis de quantifier la biotine avec une limite de détection de 24pM [**Gei10**].

Les boites quantiques sont également particulièrement adaptées à la détection in-vivo ultrasensible. Ainsi il a été possible de détecter in vivo, des quantum dots greffés à la PSMA (Prostate-Specific Membrane Antigen) dans l'épithélium de la prostate [**Gao04**].

Depuis 2001, il a aussi été démontré qu'il était possible de détecter une molécule unique dans une cellule vivante. Néanmoins la sensibilité de la mesure est toujours réduite par le bruit optique de la cellule même et la fluorescence est détruite lors de la mesure **[Scha11]** **[Dub02]**. De plus, la détection par boites quantiques est sujette à de nombreuses controverses. Ainsi, la taille des quantums dot est tellement faible qu'elle pose des problèmes d'interaction et de pénétration dans les tissus biologiques. En ce qui concerne la détection, le principal problème lors de l'utilisation de boites quantiques est son instabilité à cause de la perte du signal de fluorescence.

II.1.3- Détection par plasmon de surface

II.1.3.1- Description du principe de détection par plasmon de surface

La résonance plasmonique de surface dite SPR (Surface Plasmon Resonance) est une méthode de détection répandue permettant une analyse quantitative en temps réel des biomolécules **[Coo02]**. Elle repose sur la détection des changements de l'indice de réfraction au voisinage immédiat de la surface d'un métal (**Figure II. 9 a**). Le phénomène de résonance plasmonique de surface dépendant de la constante diélectrique du métal : le métal est classiquement de l'or, de l'argent, de l'aluminium ou du cuivre, avec un rayonnement à une longueur d'onde adaptée (entre 400 et 1000 nm) **[Mit06]**.

La surface d'un substrat métallisé est illuminée par un faisceau de lumière polarisée. Cette fine couche de métal est riche en électrons. La pénétration de l'onde évanescente dans le matériau conducteur produit une onde électromagnétique sur la face parallèle à la surface du métal. L'onde générée se propage, et un plasmon est créé. Ce phénomène est dû au fait que les photons de l'onde évanescente entrent en résonance avec les nuages électroniques du métal ou du plasmon. L'onde incidente est par ailleurs réfléchie suivant un angle θ qui dépend du milieu greffé à la surface du métal. Par ailleurs, l'intensité de l'onde réfléchie caractérisée par un indice de réfraction, est directement proportionnelle à la concentration d'analytes. Le faisceau réfléchi va présenter une chute d'intensité avec un angle défini, l'angle de résonance. La variation de l'angle de réfraction peut être observée de façon non invasive en temps réel comme une parcelle de signal de résonance en fonction du temps grâce une détection optique de l'onde réfléchie (**Figure II. 9 c**).

A l'heure actuelle, la détection par plasmon de surface atteint une limite de détection de 1×10^{17}mol et la masse limite détectable est de 0.5 à 5ng pour une région sensible de 5×10^{-3}mm^2**[Sca10]**. De plus, la détection par plasmon de surface est très fiable. David G. Myszka a montré une reproductivité sur 384 essais, réalisée avec l'équipement SPR Biacore SR1, pour la détection des enzymes CA II avec une limite de détection de10nM **[Mys04]**.

La SPR a très vite été commercialisée sous le nom de Biacore® **[Bia12]**. Cette technologie permet de visualiser en temps réel les interactions entre des entités biologiques contenues dans un système micro-fluidique (cellule fluidique contenant un prisme recouvert d'une couche d'or). Les anticorps sont d'abord immobilisés sur le prisme puis les analytes (antigènes) sont introduits dans la cellule fluidique : le greffage des antigènes modifie alors les propriétés de réflexion de la surface du prisme.

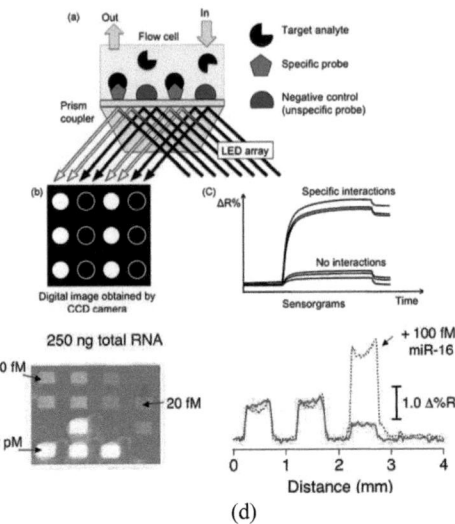

Figure II. 9 : a) Schéma du principe d'un biocapteur à résonance plasmonique de surface avec cellule fluidique b) image obtenue par une camera CCD après un cycle de greffage c) courbe de détection d'un cycle de greffage observable sur un biocapteur de surface [Sca10] d) Exemple de détection par SPR pour grille de quatre nucléotides LNA à différentes concentrations exposés à de l'ARN [Sin99]

De la SPR discontinu existe également. Pour cette technique, différents analytes ou gamme de concentration peuvent être analysés sur un même prisme grâce à la création d'une matrice de spots à la surface du prisme (**Figure II. 9 a, b et c**). Pour fonctionnaliser les lames du plasmon de surface, des spots peuvent être déposés à la surface du capteur de 50µm² à 1cm² de manière automatisée grâce à l'utilisation d'un robot avec des aiguilles disposées en série, des nano-gouttes pouvant être transférées depuis une plaque de micro-puits contenant les sondes à déposer.

II.1.3.2- Quelques exemples de détection par plasmon de surface

Une matrice de 100 spots par cm² a été utilisée par L. Grosjean pour réaliser un véritable immuno-essai afin de quantifier de la protéine d'IgG de lapin anti-hCG. Ce modèle a permis de détecter spécifiquement une concentration minimum de 200nM d'anticorps. Ce sont des prismes recouverts d'or et de NH-pyrrole et de la protéine d'IgG-F10 qui fournissent une quantification de la protéine HEL pour une gamme de concentration de 2.5µM à 10µM [**Gros05**].

Pour Ning Xia, deux canaux micro-fluidiques ont été fabriqués dans une lame de verre recouverte d'un dépôt d'or afin de détecter des marqueurs de la maladie d'Alzheimer [**Nin10**]. Les peptides amyloïdes Aβ 1-40 et Aβ 1-42 ont ainsi pu être détectés à des concentrations de 0.02nM à 5nM en mode dynamique par l'injection des analytes à quantifier dans les canaux. La couche d'or a préalablement été fonctionnalisée chimiquement pour permettre un greffage spécifique des fragments amyloïdes à la surface du capteur. Ainsi, les limites de détection pour ce système ont été de 3.3pM pour le fragment Aβ1-40 et 3.5pM pour le fragment Aβ1-42, avec une gamme de quantification pour les amyloïdes comprise entre 0.02nM et 150 000nM. A titre de comparaison, un test immunologique classique de type ELISA (principe défini dans le **Chapitre IV**), qui est consommateur en temps et en réactifs a une limite de détection comprise entre 5 à 20pM.

Depuis peu, il est possible d'utiliser des nanoparticules métalliques (en or ou en argent) greffées à la surface d'un prisme pour réaliser de la résonance plasmonique localisée (LSPR) **[Lia12]**. L'utilisation de nanoparticules métalliques permet d'obtenir un confinement de la résonance et ainsi d'augmenter l'intensité de l'onde réfléchie. Ceci a par exemple été utilisé par L. Guo pour la mesure de la concentration de thrombine **[Guo11] [Guo12]**. Des nanoparticules d'or de 50 nm de diamètre ont été greffées sur un substrat de verre recouvert d'APTES. Des aptamères d'ADN de thrombine ont été incubés à la surface de la lame de verre pour permettre de fixer la thrombine. Cette technique a ainsi permis de détecter une concentration de thrombine de 10^{-7} g/ml à une longueur d'onde comprise entre 680 et 780nm. Le même auteur a réussi à diminuer la limite de détection de cette protéine en réalisant un immuno-sandwich : 10^{-10} g/mL **[Guo12]**. Pour M. Fransconi, la résonance plasmonique a permis de quantifier de l'insuline humaine et d'atteindre une limite de détection de 0.5pM d'anticorps Ins-Ab **[Fra10]**. D'Agata a également utilisé des nanoparticules d'or afin de réaliser une détection sélective et ultrasensible d'acides nucléiques peptidiques (ANP) **[Dag08]**. Une sensibilité de 1fM a alors été obtenue.

II.2- Micro-capteurs de type microbalance à cristal de quartz

II.2.1- Description du principe

Cette détection repose sur les propriétés mécaniques du quartz qui est un matériau piézoélectrique. En effet, le quartz est un matériau cristallin anisotrope : les liaisons existantes entre les ions de silicium et les ions d'oxygène présentes dans le cristal de quartz se déforment, le déplacement de l'ion d'oxygène induisant la formation de charges positives et négatives. Ainsi, en appliquant une déformation mécanique sur le cristal de quartz, il y a création de dipôles électriques se traduisant par une différence de potentiel lorsque les déformations mécaniques apparaissent. Par l'application d'un champ électrique, une détection est alors possible grâce la variation de la fréquence de résonance d'un cristal piézoélectrique lors de l'incrémentation d'une masse Δm. Pour des capteurs biologiques, cette masse est constituée lors de l'adsorption d'entité sur la surface du cristal. Malgré taille importante des dispositifs et donc la valeur élevée de la masse du cristal, la bonne sensibilité de la microbalance à cristal de quartz (QCM) est essentiellement due à son facteur de qualité **Q** très élevé.

$$Q = -2\pi \frac{\text{Energie stockée/période d'oscillation}}{\text{Energie dissipée/période d'oscillation}} \approx \frac{f_r}{\Delta f_{-3dB}} \quad \textbf{Equation II.4}$$

Avec Δf_{-3dB} est égale la largeur de bande du système, f_r, la fréquence de résonance.

Pour un résonateur de qualité, **Q** doit typiquement être supérieure à 100. m_{min} étant la variation de masse minimale pouvant être détectée, et **m**, la masse de l'oscillateur, il s'en suit la relation suivante :

$$m_{min} \alpha \frac{m}{Q}$$ **Equation II.5**

La relation liant la fréquence d'oscillation du cristal de quartz, **Δf**, ayant une fréquence propre, **f**, à la variation de masse détectée à la surface du cristal de quartz, **Δm**, avec une surface d'adsorption, **A**, est décrite par l'équation de Sauerbrey **[Sau59]** :

$$\Delta f = -2.26 \times 10^{-6} f^2 \frac{\Delta m}{A}$$ **Equation II.6**

Généralement, les microbalances à cristal de quartz sont des objets de forme circulaire de quelques centaines de micromètres recouverts d'une électrode métallique d'or ou de platine d'une épaisseur de 100nm déposée par évaporation ou pulvérisation **(Figure II. 10a)**. Dans le cadre d'un immuno-capteur, la surface d'électrode est recouverte d'une couche adaptée pour permettre le greffage des anticorps et des analytes à quantifier, comme un polymère **[Nor09]** ou un silane **[Oli11]**. La microbalance à quartz peut être intégrée dans une cellule fluidique **[Zha07]**.

Une microbalance à quartz est composée d'électrodes sur chacune des faces du dispositif **(Figure II. 10 a et c)**. Lorsque que les électrodes sont dites en bouton central, les deux électrodes sont symétriques, disposées au centre de chacune des faces ont été relié électriquement entre elles par les bords du quartz **(Figure II. 10 a)**. La seconde géométrie consiste à disposer les contacts électriques directement en face arrière de la puce, ce qui limite le phénomène d'effets de bord **(Figure II. 10 c)**. L'électrode en face arrière permet la mesure de la fréquence de résonance alors que l'électrode qui est en face avant permet la mesure de l'incrémentation de masse.

Les QCM sont précis, ayant des oscillations stables et capables de détecter des changements de masse de l'ordre du nanogramme **[Yao10]**. Les modèles commerciaux se présentent avec un module d'acquisition des données **(Figure II. 10 b)**. Parmi les plus utilisés nous pouvons citer les modèles vibrant 27MHz de la compagnie Initium Inc®, dont la limite de détection est de 30pg soit 600pg/cm² pour un variation de fréquence Δf égale à -1Hz **[Inn20]**. Mais, elles sont difficilement intégrables.

a)　　　　　　　　b)　　　　　　　　c)

Figure II. 10 : a) Schéma de la face avant et arrière d'une microbalance à cristal de quartz **[Chi12]**, b) et c) microbalance à quartz commerciale vibrant à 27-MHz **[Inn20]**

II.2.2- Quelques exemples de réalisation par microbalance à quartz

P. Kao a utilisé une microbalance à quartz de 25µm d'épaisseur et de 5x5mm^2 opérant à une fréquence fondamentale de 62MHz pour mesurer la constante d'absorption de l'albumine de sérum humain (HSA) **[Kao08]**. L'étalonnage de dispositif a permis de détecter de la HSA à des concentrations de 148pmol/L. En comparaison avec un dispositif commercial opérant à une fréquence fondamentale de 5 MHz, ce dispositif permet des changements de fréquence 170 fois plus importants et un rapport signal sur bruit 20 fois plus grand pour un film de HSA saturé.

F. Caruso a comparé les performances de QCM opérant à une fréquence fondamentale de 9MHz et de QCM opérant à une fréquence fondamentale 27MHz pour une immobilisation d'ADN **[Car98]**. Les QCM sont recouverts d'un film d'or et d'un traitement chimique permettant le greffage de l'avidine à leur surface. Il a été noté que la microbalance à quartz vibrant à une fréquence de 27MHz permet une détection limite de 9ng/cm^2 alors que la microbalance à quartz vibrant à une fréquence de 9MHz permet d'obtenir une détection limite de 30ngcm^2. Ce même auteur a quantifié le nombre de couche d'ADN sur une microbalance à quartz opérant à une fréquence de résonance de 9MHz recouverte d'or **[Car97]** dans l'air et en solution. Ainsi une variation de la fréquence de résonance dans l'air de 60Hz±9Hz a été mesurée correspondant à une masse d'avidine de 52ng±8ng.

Plus récemment, C. Yao a permis de détecter 2.5ng/ml d'immunoglobuline E avec une microbalance à quartz vibrant à une fréquence de 10MHz, sur laquelle des aptamères ont été greffés **[Yao10]**.

Des nanoparticules peuvent être employées pour amplifier la sensibilité de détection. Ainsi dans l'étude de Shigeru **[Kur03]**, des billes en latex recouvertes d'anticorps interagissent avec des antigènes présents dans une fraction de sang : le QCM mis en contact de la solution mesure les oscillations de la fréquence dûes à l'agglomération des billes de latex ou au changement de viscosité et de densité de la solution. Une microbalance à quartz vibrant à une fréquence de 9MHz a été utilisée pour détecter des anticorps monoclonaux (DNP) dans une gamme de concentration de 1 à 100ng ml^{-1}. Récemment, des nanoparticules en or ont été utilisées comme amplificateur de la masse détectée lors de la quantification de l'antigène OMP85, impliqué dans la méningite **[Red12]**.

II.3- Micro-capteurs à ondes acoustiques de surface

II.3.1- Description du principe

Ce principe de détection repose sur la variation de la célérité d'une onde acoustique dans le milieu dûe à un déphasage entre une voie de référence et une voie de mesure. La variation d'ondes acoustiques à la surface du capteur est détectée par la mesure de la fréquence. En effet, l'onde acoustique issue d'une excitation électrique radiofréquence est sensible à son environnement. L'utilisation d'un matériau piézoélectrique est crucial car l'application d'un champ électrique oscillant crée une onde élastique qui déforme le matériau : la propagation de l'onde est mesurée par un champ électrique issu de la création des charges dû à la déformation du piézoélectrique. Les ondes peuvent se propager dans le matériau ou à la surface du matériau : le micro-résonateur est alors appelé résonateur à ondes de volume (BAW) ou résonateur à ondes de surface (SAW). Le biocapteur de type ondes de surface est constitué d'un substrat en quartz recouvert d'électrodes sur lequel est greffé une couche sensible à la molécule cible (**Figure II. 12**). Les électrodes étant conçues par un système interdigité, l'application d'une tension alternative à l'entrée du capteur permet de créer des effets de compression et d'expansion qui vont se propager tout au long du substrat.

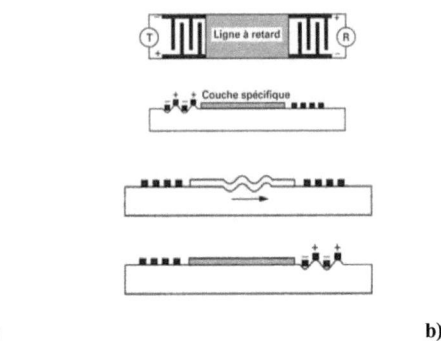

a)   b)
Figure II. 11 : Schéma de principe d'un capteur à ondes acoustiques de surface avec transmetteur T, récepteur R et la couche de matériau spécifique déposée sur la ligne à retard a) avant b) après propagation [Elf09]

En déposant un composé organique à leur surface, les microsystèmes à ondes acoustiques peuvent être des capteurs de masse **[Giz97]**, souvent d'humidité **[Li12]** car ils sont sensibles au changement de surface du à l'absorption d'entités sur la couche sensible. Les mesures de masses peuvent être de quelques dizaines de nanogrammes/cm^2 à plusieurs microgrammes/cm^2. Pour les applications biochimiques, les ondes d'acoustiques de surface utilisent généralement le mode de Rayleigh. L'énergie acoustique est alors concentrée dans une épaisseur égale à deux fois la longueur d'onde à la surface du matériau piézoélectrique. Les ondes ont généralement une amplitude 10Å et des longueurs d'onde dans une gamme comprise entre 1 to 100 microns. Classiquement, les microsystèmes à ondes acoustiques opèrent à des fréquences comprises entre 25 et 500MHz. Bien que sensible aux changements de surface, un capteur à ondes acoustiques de surface est peu adapté au milieu liquide. Il peut exister des problèmes de perte du signal en particulier dans les liquides visqueux.

II.3.2- Quelques exemples de détection à ondes acoustiques

Les ondes acoustiques ont pour la première fois permis en 1997 de détecter de l'immunoglobuline G de souris pour des concentrations comprises entre 3×10^{-8} à 1×10^{-6} mol en utilisant un système excité à 110MHz avec une couche de polymère sensible **[Giz97]**. Depuis, différents travaux ont été menés pour la détection de composés chimiques dédiés à des utilisations dans un milieu gazeux ou liquide, en particulier dans le laboratoire de l'Intégration du Matériaux au Système à Bordeaux. Par exemple, des capteurs sur des substrats de quartz recouverts d'une couche de silice et encapsulés dans une cellule rectangulaire en téflon ont été effectués **[Tam02]**. Pour palier le problème de mono-utilisation du dispositif, l'équipe de Trapp a réalisé une cellule micro-fluidique encapsulée par un polymère pouvant être enlevé et rendant le capteur réutilisable **[Tam03]**. L.A Francis a également pu réaliser un dispositif fluidique en résine SU 8 **[Fran06]**. La même année, la société S-Sense a été la première à étudier l'encapsulation de capteur à ondes acoustiques par du PDMS, un résultat renouvelé par I. Stoyano en collant un couvercle de PDMS sur une couche guidante de silice **[Stoy06]** (**Figure II. 12**) et par V. Raimbault sur une puce à onde de Lowe **[Rai08]** (**Figure II. 13**). Depuis, cette technologie a été adopté pour la réalisation d'immuno-essai. Ainsi, Konstantinos Mitsakakis a dernièrement réalisé une plateforme pour la détection de marqueurs cardiaques **[Mit11]** (**Figure II. 14**).

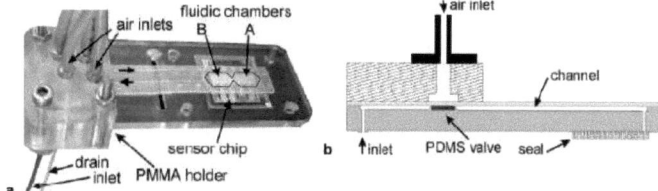

Figure II. 12 : a) Image et b) schéma du dispositif micro-fluidique du microsystème à onde de surface encapsulé par du PDMS [Sto06]

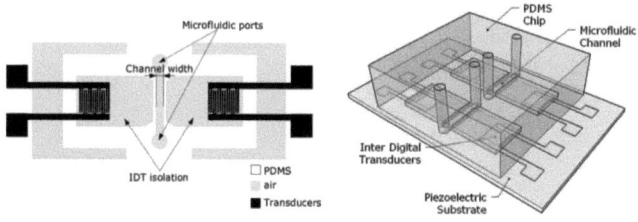

Figure II. 13 : Schéma de réalisation d'une puce à ondes de Lowe avec revêtement en PDMS [Rai08]

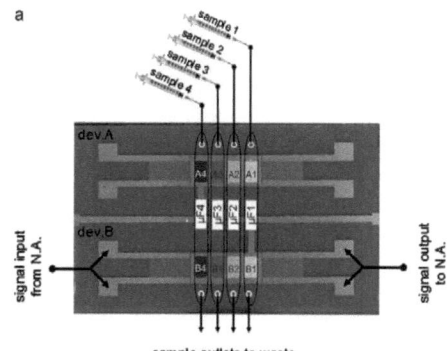

Figure II. 14 : Schéma de réalisation d'une puce à ondes acoustiques avec 4 micro-canaux [Mit11]

III- Micro leviers comme micro-capteurs en biologie

Les microsystèmes électromécaniques dits MEMS (Micro-Electro-Mechanical-Systems) sont des structures combinant des éléments mécaniques avec des circuits électroniques de commande. Ils comprennent la fonction d'actionnement, permettant la conversion de l'énergie électrique en énergie mécanique, et la fonction de capteur qui détecte les variations d'amplitude de vibration **[Swor08]**. Les MEMS couvrent de nombreux domaines d'applications tels que la mécanique ou les télécom. Ils ont également permis de nombreuses innovations dans le domaine qui nous intéresse, l'analyse chimique, biologique et médicale. En effet, des capteurs de types micro-leviers ou poutres permettent la détection d'entités biologiques.
L'adsorption d'espèces sur une poutre modifie ses caractéristiques mécaniques et physico-chimiques. La raideur et la masse de la poutre sont ainsi modifiées. En régime statique, la modification des contraintes mécaniques induites entre la micro-poutre et la couche sensible après adsorption entraîne une variation du rayon de courbure et donc une déflexion de la poutre **(Figure II. 15 a)**, **[Mou00] [Bat01] [Dat99]**. Dans le cas du régime dynamique une modification de la masse effective de la microstructure induit nécessairement une variation de la fréquence de résonance **(Figure II. 15 b)**, **[Kim02] [Bal00] [Bet00]**.

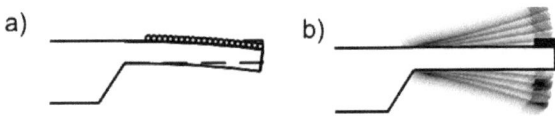

Figure II. 15 : a) Déflexion de la poutre, b) Variation de la fréquence de résonance [Tat98]

III.1- En régime statique

En l'absence de forces gravitationnelles, magnétiques ou électrostatiques et en supposant qu'une seule surface de la poutre soit recouverte par la couche sensible, l'adsorption préférentielle de l'espèce cible par la couche crée des différences de tensions internes entre la couche sensible et le levier, et provoque ainsi la déflexion de la poutre. Dans ce cas, la déflexion peut atteindre une valeur maximum de 1000nm **[Tat98]**, mais est souvent limitée à 100nm dans le cas de l'adsorption de gouttes **[Bod06]**. Il existe différentes techniques de mesure de la déflexion d'un micro-levier en mode statique

III.1.1- Techniques de mesure de la déflexion

III.1.1.1- Mesure optique de la déflexion

Cette technique est largement utilisée pour les microscopes à force atomique (AFM) **[Car10]** (**Figure II. 16**). La déflexion de la poutre est mesurée en positionnant un faisceau laser sur la face supérieure du levier où une lumière est réfléchie. L'angle de réflexion dépend de la courbure de la poutre. L'amplitude de déplacement du micro-levier implique alors la variation d'un photo-courant sur le détecteur. Malgré la grande précision de cette mesure, la mesure par déflexion laser pose un problème du fait du grand encombrement de banc optique.

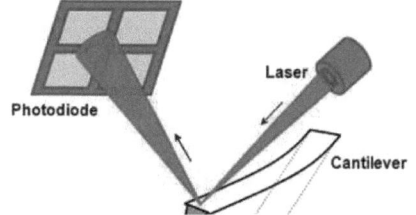

Figure II. 16 : Mesure de la déflexion par méthode optique [Car10]

III.1.1.2- Mesure intégrée de la déflexion par détection piézorésistive

Le principe de la détection piézorésistive consiste à déposer des piézorésistances à la surface de la microstructure afin de convertir le mouvement mécanique de la micro-poutre en un signal électrique **[Ken02b]** ou en dopant localement le silicium (le silicium fortement dopé p est un matériau piézorésistif). Ainsi, la résistance électrique du matériau dépend de la contrainte appliquée. Cette technique est précise et facile à mettre en œuvre : une piste piézorésistive peut être implantée à la surface du silicium, au niveau de l'encastrement par exemple. Les différentes résistances en présence peuvent être montées en un pont de Wheatstone **[Hag01] [Van03] [Rog03]** (**Figure II. 17**).

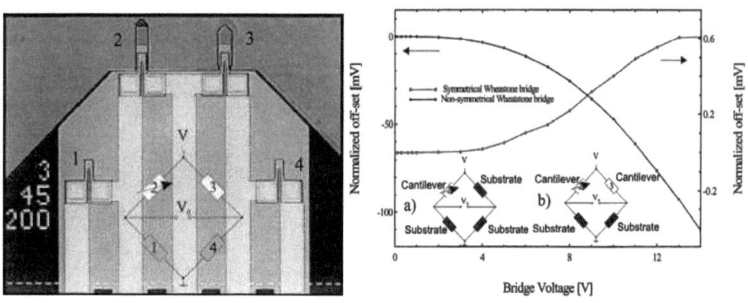

Figure II. 17 : a) Dispositif intégré avec pont de Wheatstone b) détection de la déflexion [Tha00]

III.1.1.3- Mesure intégrée de la déflexion par détection capacitive

Ce principe de détection consiste à mesurer la capacité entre la poutre qui constitue une armature mobile d'un condensateur et une armature fixe. En effet, toute flexion de la poutre modifie le gap inter-électrodes du condensateur et ainsi la valeur de la capacité. La mesure de cette capacité présente entre les deux électrodes est alors directement liée à l'amplitude de la déflexion **[Aba01] [Dav00] [Yi02]**. Différentes configurations de disposition de l'électrode existe : l'électrode peut être co-planaire au levier ou disposé en peigne. L'avantage pour cette dernière configuration est d'augmenter la valeur de la surface active.

III.1.1.4- Mesure intégrée de la flexion par détection piézoélectrique

Pour les capteurs à microstructures mobiles, l'effet piézoélectrique direct permet de détecter des déplacements de l'ordre du nanomètre **[Ro03] [Yi02] [Ada03]**. Pour ce type d'application, un matériau piézoélectrique, typiquement de l'oxyde de zinc ou du titano-zirconate de plomb, est déposé en film mince sur la surface de la microstructure **(Figure II. 18)**. La déflexion de la structure mobile génère une contrainte dans le film piézoélectrique induisant l'apparition de charges. Ce mode de détection est peu utilisé en mode statique à cause des courants de fuite importants.

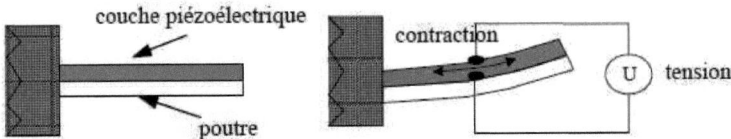

Figure II. 18 : Principe de la détection l'actionnement piézoélectrique [Duf04]

III.1.2- Quelques exemples de réalisation

Quelque soit l'entité biologique à détecter, la surface de la poutre est fonctionnalisée chimiquement, puis une entité cible est greffée : l'analyte à quantifier est alors capturée à la surface de la structure.

Ainsi, dans le cadre de la détection de la molécule unique, un premier pas a été réalisé par R. Mc Kendry, avec une poutre de 500µm de long et 100µm de large. Il a alors été possible de détecter l'adsorption de 12 brins d'ADN, correspondant à une déflexion de 8.1nm **[Ken02] (Figure II. 19 a)**. La détection a été faite grâce à l'injection de solution d'analytes via des capillaires **(Figure II. 19 b)**.

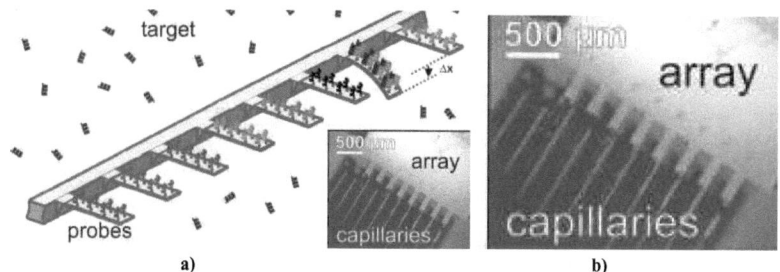

Figure II. 19 : a) Schéma de micro-poutre après greffage et b) image de l'incubation des micro-poutres dans des capillaires contenant les solutions d'ADN [Ken02]

Dans le cadre de la détection d'ADN, C. A. Savran a développé un système de poutres en nitrure de silicium fonctionnalisé d'aptamères Taq **[Sav04]**. Il a été montré qu'une injection de 500pM d'ADN-Taq donne une déflexion de 32nm correspondant à une tension de surface de 9.6×10^{-3} N/m.

En 2001, Guanghua Wu a détecté lors de l'adsorption de fPSA par un banc optique la déflexion d'une micro-poutre en nitrure de silicium recouverte d'or après la fonctionnalisation par un composé disulfide et le greffage de PSA de chèvre-anti human **[Wu01]**. La mesure de la déflexion est réalisée dans une cellule à débit constant de liquide salin permettant de maintenir les protéines dans un milieu physiologique et à l'aide banc de déflexion laser (**Figure II. 20**). Le dispositif a permis de quantifier une gamme de concentration de 0.2ng/ml à 60µg/ml. De plus, il a été montré qu'une poutre de silicium de 600µm de long, 40µm de large et 0.65µm d'épaisseur permet de détecter des concentrations minimum de 0.2ng/ml de fPSA alors que les tests cliniques ne peuvent détecter une concentration de fPSA inférieure à 4ng/ml.

Parmi les dispositifs alliant la détection et la préservation du milieu biologique, nous pouvons citer les travaux de Ryan R. Anderson **[And11]** : l'auteur a encapsulé une micro-poutre dans du PDMS pour détecter l'adsorption de la BSA à différents pH.

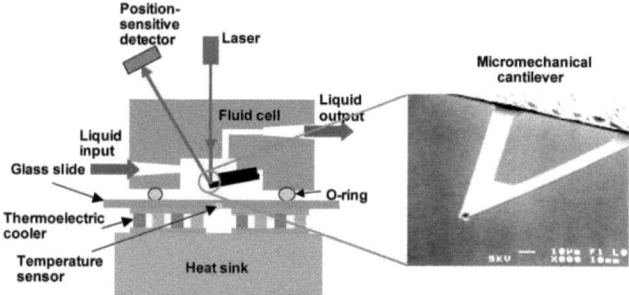

Figure II. 20 : Schéma expérimental de la chambre de mesure et d'un micro-résonateur en forme de V [Wu01]

K.M. Hansen a réalisé des poutres avec une double fonctionnalisation de surface : une face de la poutre est en silicium permettant d'être fonctionnaliser par des organosilanes pour greffer des protéines, l'autre face est recouverte d'or permettant cette fois-ci d'être fonctionnaliser par des thiols pour greffer des brins d'ADN **[Han05]**. En utilisant une poutre de 600μm de long, après un greffage de 55ng/μl d'ADN simple brin, la poutre a permis de distinguer le greffage d'ADN complémentaire de longueur de 9 à 20 bases correspondant à des concentrations de 3 à 6μM. Par ailleurs, sur la seconde face cette même poutre, il a été possible de détecter une concentration de fPSA de 0.2ng/ml. Cette idée est reprise par H. Gao sur des poutres d'or fonctionnalisées avec un thiosilane pour la quantification de péroxydases (HRP), des protéines d'adhésion cellulaire (CaM) et des protéines AChBP à une concentration de 1.10^{-5}M **[Gao07]**.

L'effet de la structure chimique de la micro-poutre sur la détection de la thyroxine a été étudié **[Hil08]**. Plusieurs mélange d'or et d'argent ont été déposés à la surface d'une poutre avec une épaisseur de 150nm et ont été exposé à un anticorps de type immunoglobuline : les proportions de 50% en or et 50% en argent ont permis d'obtenir la meilleure déflection. En exploitant ce résultat, les chercheurs ont détecté jusqu'à 0.1nM de Tétra-iodothyronine (T4), ce qui est en dessous de la limite de détection effectué en laboratoire lors de tests ELISA (limite de détection de 3.2nM).

G. Shekhawat a démontré qu'un système MOSFET permet la déflection d'une poutre de nitrure de silicium uniquement recouverte d'or (1.5 à 2μm d'épaisseur) et 200 à 300μm de long avec une meilleur détection qu'un système piézoélectrique ou capacitif traditionnel **[She06]** (**Figure II. 21**). Le transistor qui est placé entre 2 et 4μm de la base de la poutre fournit une fréquence de résonance variant entre 100 et 150kHz. La détection de biotine à des concentrations variant entre 100fg/ml et 100ng/ml a été possible pour des déflections de dizaines à 150 nanomètres.

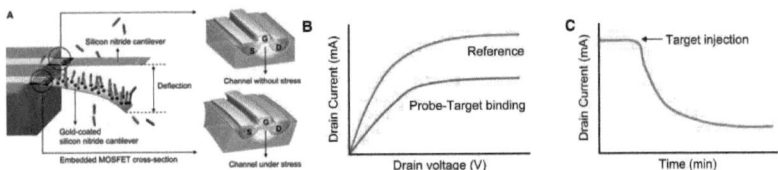

Figure II. 21 : A) Schéma de système de micro-poutre avec détection MOSFET, B) réponse détecter par dans le drain MOSFET durant le greffage de la protéine, C) réponse détectée durant la déflection de la poutre [She06]

III.2- En régime dynamique

III.2.1- Description du phénomène

Un résonateur se compose d'une partie mobile dont les propriétés mécaniques renseignent sur les différents modes de vibrations. Le paramètre de détection utilisé est la fréquence de résonance f_r du résonateur. Cette fréquence de résonance dépend de sa constante de raideur **k** et de sa masse effective **m** [**Lav04**] [**Var08**]:

$$f_R = \sqrt{\frac{k}{m}}$$
Equation II.7

L'absorption d'espèces chimiques ou biologiques modifie la constante de raideur et la masse effective du résonateur. Ces variations entraînent une modification de la fréquence de résonance. En mesurant la différence de fréquence Δf, il est possible de retrouver la différence de masse Δm correspondant à la quantité de particules fixées. En approximant $\Delta f = f - f_0$, Il est possible de définir la relation suivant :

$$\Delta f = -\frac{1}{2}\frac{\Delta m}{m}f_r$$
Equation II.8

Comme dans le cas des microbalances à quartz, il est possible de déterminer le facteur de qualité **Q**. Pour les capteurs résonants, le facteur de qualité est ainsi un facteur important qui détermine la sensibilité et la résolution. En diminuant la masse initiale du capteur, il est possible de réduire la masse minimale discernable du dispositif. Baptiste le Fulgoc, avec une poutre d'épaisseur de 10µm, a pu obtenir un facteur de qualité de 10^6 dans le vide et a mesuré un facteur de qualité de 3600 par vibrométrie pour des vibrations dans le plan à pression atmosphérique [**Fou05**]. L'équipe MINASYS a ainsi pu obtenir des facteurs de qualité de 300 000 pour des micro-poutres sans recuit.

La progression de la technologie des MEMS pour obtenir des capteurs résonants toujours plus sensibles conduit à l'utilisation de résonateur de taille submicrométrique ou nanométrique. Pour un nano-fil de 500nm, Z. Davis est arrivé à une détection maximum de 10^{-18}g pour une variation Δf égale à 1Hz avec un facteur de qualité égale à 100 dans l'air et à 30 000 dans le vide [**Dav01**].

Les formes des structures sont le plus souvent des ponts, des poutres et des membranes circulaires ou carrées. Dans le cas d'une micro-poutre, la fréquence de résonance, pour le premier mode hors plan peut être calculée, avec **l** la longueur de la poutre, **I** le moment d'inertie, **ρ** la densité, **A** la section de la poutre, **E** module de Young, selon l'équation suivante :

$$f_0 = -\frac{3.515}{2\pi l^2}\sqrt{\frac{EI}{\rho A}}$$
Equation II.9

Dans le cas d'une poutre rectangulaire de largeur **w** et d'épaisseur **t**, le moment d'inertie devient :

$$I \propto w\, t^3$$ **Equation II.10**

Ainsi la section de la poutre **A** s'écrit de la manière suivante :

$$A = w\, t$$ **Equation II.11**

La fréquence de résonance augmente ainsi linéairement avec l'épaisseur, et ne dépend pas de la longueur de la poutre.

Des travaux récents ont montré que des micro-poutres résonantes pouvaient être utilisées pour mesurer des particules d'une masse de l'ordre de 10^{-21} g (ordre de grandeur de la masse de la molécule unique) dans des conditions de vide relativement poussé **[Yan06]**. Il a aussi été possible de détecter des composés chimiques à l'état gazeux. Cependant, la viscosité d'un liquide réduit considérablement la sensibilité du résonateur rendant ainsi difficile l'analyse de molécules bioactives, ces dernières n'étant viables qu'en milieu aqueux.

Il existe différentes techniques de mesure de la fréquence de résonance d'un micro-dispositif vibrant en mode dynamique. Sous l'effet de l'agitation thermique, les micro-poutres sont animées de vibrations naturelles qui induisent un mouvement d'oscillation de la poutre, mais cet effet ne peut être exploité car il est difficilement mesurable. Faire vibrer des micro-poutres nécessite généralement un micro-actionneur dont l'excitation peut être de différentes natures : piézoélectrique **[Acc01] [Zho03]**, électromagnétique **[Vanc03]**, électrostatique **[Kim02]**, ou encore thermoélectrique [Hag01]. Notons que les modes de détection utilisés dans ce cas sont identiques à ceux précédemment décrits dans la partie précédente dédiée au mode statique (**section III.1**).

III.2.2- Méthode d'actionnement des micro-poutres

III.2.2.1- Actionnement piézoélectrique

Le principe de l'actionnement piézoélectrique repose sur l'effet piézoélectrique inverse : lorsqu'un matériau piézoélectrique est soumis à un champ électrique sinusoïdal, le matériau se met à vibrer. L'actionnement piézoélectrique peut-être intégré à la microstructure en déposant un matériau piézoélectrique. En appliquant ainsi une tension aux bornes d'une couche piézoélectrique déposée à la surface de la poutre, la contraction de la couche induit la flexion de la poutre. L'actionnement piézoélectrique peut être dû à l'utilisation d'un matériau piézoélectrique seul comme structure mobile soit en utilisant l'effet bilame **[Yi02] [Zho03]**. La limitation de ce type d'actionnement est qu'il reste limité aux matériaux piézoélectriques et donc inadapté au silicium.

III.2.2.2- Actionnement électromagnétique

La microstructure vibrante est soumise à un champs magnétique continu **(Figure II. 22)**. Elle est également recouverte d'une piste métallique parcourue par un courant alternatif. Une force de Laplace est ainsi générée permettant l'actionnement. Le déplacement observé peut être extrêmement important mais reste le plus souvent limité aux déplacements hors plan. Il nécessite aussi le dépôt d'une piste conductrice sur la poutre. Cela reste malgré tout un mode d'actionnement efficace et très facile à mettre en œuvre.

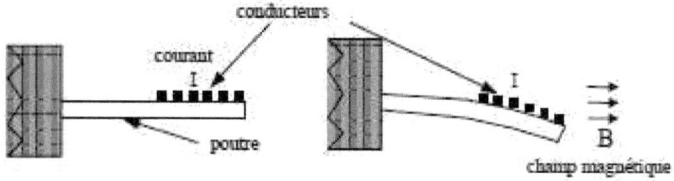

Figure II. 22 : Principe de l'actionnement électromagnétique [Duf04]

III.2.2.3- Actionnement électrostatique

L'actionnement électrostatique nécessite l'utilisation de deux électrodes dont l'une est constituée d'une partie mobile et l'autre d'une partie fixe : par exemple un substrat ou une électrode latérale dans le cas d'une structure interdigitée. La création d'un champ électrique entre les deux électrodes induit une force électrostatique : la micro-poutre est alors excitée **(Figure II. 23)**.

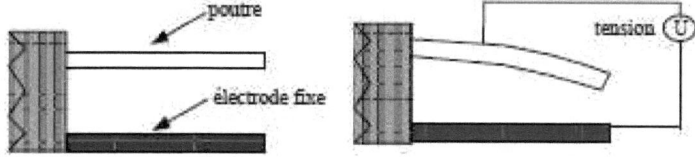

Figure II. 23 : Principe de l'actionnement électrostatique [Duf04]

III.2.2.4- Actionnement thermoélectrique

Ce mode d'actionnement basé sur le phénomène d'effet Joule, consiste à faire passer un courant dans une résistance placée à l'encastrement de la poutre. L'échauffement local de la microstructure par effet Joule implique une dilatation locale du volume de la structure **[Hag01]**. Notons toutefois que cette technique est très peu utilisée vu la difficulté de refroidir rapidement la microstructure.

III.2.3- Quelques exemples de micro-poutres vibrantes

Dans le cadre d'applications biologiques, les micro-poutres sont souvent utilisées pour la détection de bactéries, de cellules ou d'anticorps. Dans une majorité de cas, les entités biologiques sont déposées sur les micro-poutres par jet de gouttelettes au travers de microbuses (**Figure II. 24**) [**Nug07**].

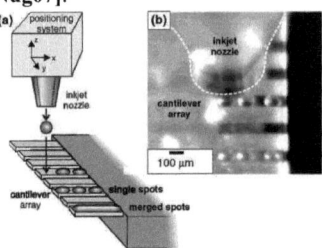

Figure II. 24 : Exemple de dépôts de gouttelettes d'entité biologiques (a) vue schématique, (b) vue par une caméra CDD [Nug07]

Ainsi, l'équipe d'Ilic a fabriqué des micro-poutres en silicium recouvertes de nitrure de silicium afin de détecter des bactéries. 16 cellules de Escherichia coli ont été détectées soit une masse totale de 6×10^{-12}g à pression atmosphérique malgré une fréquence de résonance très basse (10Hz) [**Ili00**]. Cette étude a aussi permis de détecter une masse égale à 14.7×10^{-15}g à une pression de 1mTorr. Cette même équipe a permis la détection de la cellule unique, la bactérie Escherichia Coli à l'extrémité de la poutre (665fg) à l'air [**Lav03**] (**Figure II. 25 a**). Dans une autre étude, l'auteur a réalisé la détection de masse de 0.39ag pour un dispositif vibrant en nitrure de silicium de 4µm de long, 500nm de large et 160nm d'épaisseur [**Ili04**]. La mesure de la fréquence de résonance générée par ce résonateur est cette fois-ci mesurée dans un vide de 3×10^{-6} torrs à l'aide d'un détecteur optique. Nous pouvons noter que dans la course à la détection de la cellule unique, les travaux menés par A. Gupta dans une équipe concurrente ont permis de mesurer une masse de 9.5fg correspondant à une particule unique du virus vaccina [**Gup04**] (**Figure II. 25 b**). Le dispositif a été réalisé à partir d'une micro-poutre en nitrure de silicium de 5µm de long, 500nm de large et 30nm d'épaisseur.

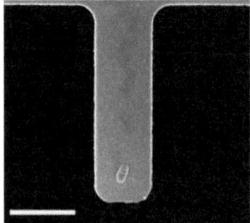 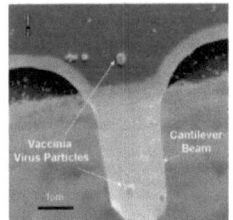

Figure II. 25 : Image MEB d'une micro-poutre avec une cellule unique a) de l'E. Coli [Lav03], b) de virus vaccina [Gup04]

L'utilisation de nanoparticules comme amplificateur de masse a été exploité par Lawrence A. Bottomley de l'Institut de Technologie de Georgia [**Bot04**]. Plus récemment, l'équipe de

Madhukar Varshney a permis une quantification de la protéine du prion en utilisant à la fois une structure vibrante et des nanoparticules [**Var08**]. A partir d'un résonateur en nitrure de silicium à base carré de 10μm de large et 3μm de long et d'une surface de 56μm^2, un essai immunologique, a permis de déterminer une concentration de prion de 2μg/ml en absence de nanoparticules et de 2ng/ml en présence de nanoparticules marqué à la streptavidine. Un jeu d'anticorps secondaires permet à ces dernières de se lier au prion incubé sur le résonateur.

Pour Kyo Seaon Hwang, l'analyse qualitative de la PSA est réalisée à l'aide d'une micro-poutre composé d'un revêtement de $SiO_2/Ta/Pt/PZT/Pt/SiO_2$ [**Hwa04**]. La particularité de ce résonateur est de maintenir la PSA dans un milieu liquide grâce à un packaging en PDMS : le micro-résonateur est placé dans une cellule de 200μm de large et 20μl de volume réalisé par collage de deux films de PDMS moulé (**Figure II. 26**). La fréquence de résonance obtenue par excitation du piézoélectrique a aussi permis d'obtenir une limite de détection 1ng/ml correspondant à une fréquence de 94Hz.

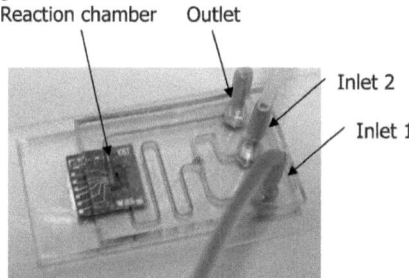

Figure II. 26 : **Cellule liquide fabriqué par collage de film de PDMS pour la détection de PSA [Hwa04]**

Des dispositifs résonants ont également été utilisés pour la quantification d'ADN. Ainsi D. Ramos, en 2009, à partir de poutres de 15μm de long, 100nm d'épaisseur et 6μm de large recouvertes d'or, a obtenu une limite de détection de 10fg et un facteur de qualité dans le vide de 3000 [**Ram09**].

III.2.4- Les systèmes avec micro-fluidique intégrée

Comme nous venons de le voir, les micro-résonateurs permettent aujourd'hui de détecter des masses avec une extrême sensibilité en ultravide. Cependant dès que nous souhaitons travailler en solution pour préserver les entités biologiques, la viscosité des solutions diminuent de manière drastique le facteur de qualité du résonateur. L'équipe Manalis a imaginé un dispositif qui consiste à intégrer un canal enterré permettant la circulation du fluide d'intérêt à l'intérieur du résonateur [**Bur07**]. Dans ce micro-résonateur, le fluide à analyser circule à l'intérieur de canaux situés dans la poutre vibrante grâce à un système micro-fluidique, tandis que le résonateur est maintenu dans une enceinte sous vide (**Figure II. 27 A et B**). L'adsorption de molécules à l'intérieur des canaux modifie la masse effective de la micro-poutre.

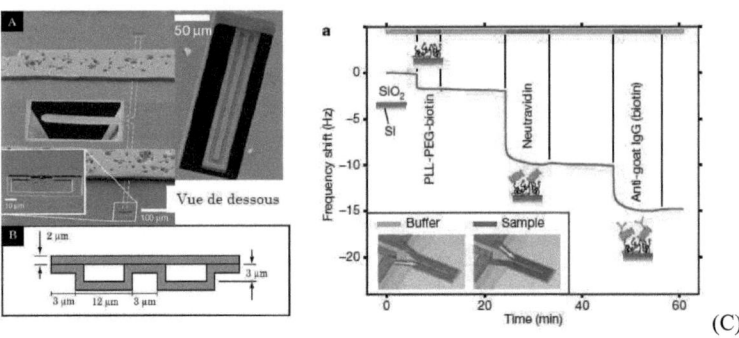

Figure II. 27 : Image MEB d'une micro-poutre avec canaux enterrés (A) vue de dessus et vue de dessous de la micro-poutre, (B) coupe de la micro-poutre, (C) mesure de la fréquence de résonance après différent greffage du canal [Bur07]

Le biocapteur a été réalisé à partir d'un substrat SOI d'un diamètre de 6 pouces. Chaque canal mesure 12µm de large et 3µm de profondeur, la totalité de la structure suspendue mesurant 200µm de long, 33µm de large et 7µm d'épaisseur. La fabrication de ce type de dispositif nécessite un grand nombre d'étape de micro-fabrication (**Figure II. 28**). L'encapsulation des canaux a été possible grâce à un scellement entre le silicium d'un substrat SOI et un substrat de verre. Le micro-canal est relié au système fluidique par des connexions situées loin de la poutre. Un dispositif micro-fluidique contrôle l'écoulement des fluides. Un débit constant dans le canal est assuré par une différence de pression maintenue entre les deux extrémités du canal. Le système est relié à deux canaux, un à l'entrée et un à la sortie du dispositif : en appliquant une pression à l'entrée du canal, il y a une variation de la pression en sortie (**Figure II. 31**). Ainsi, en réglant la pression de la dérivation en sortie juste en dessous de celle de l'entrée, l'écoulement peut être contrôlé lors des mesures.

L'actionnement électrostatique du micro-levier est réalisé par des électrodes fabriquées directement sur la structure : une couche d'or est déposée localement sur le capot en verre et génère un champ qui fait vibrer la poutre. La détection du mouvement est optique et elle est assurée par balayage laser : un faisceau laser est envoyé sur la poutre et se réfléchit vers une photodiode (**Figure II. 29**). La fréquence de vibration est donc celle du signal émis par la photodiode. Ce microsystème a permis d'obtenir une mesure de variation de masse de l'ordre de 10^{-15}g. Ainsi, l'équipe Manalis a pu détecter des nanoparticules [Dex09] et des cellules bactériennes isolées [God10].

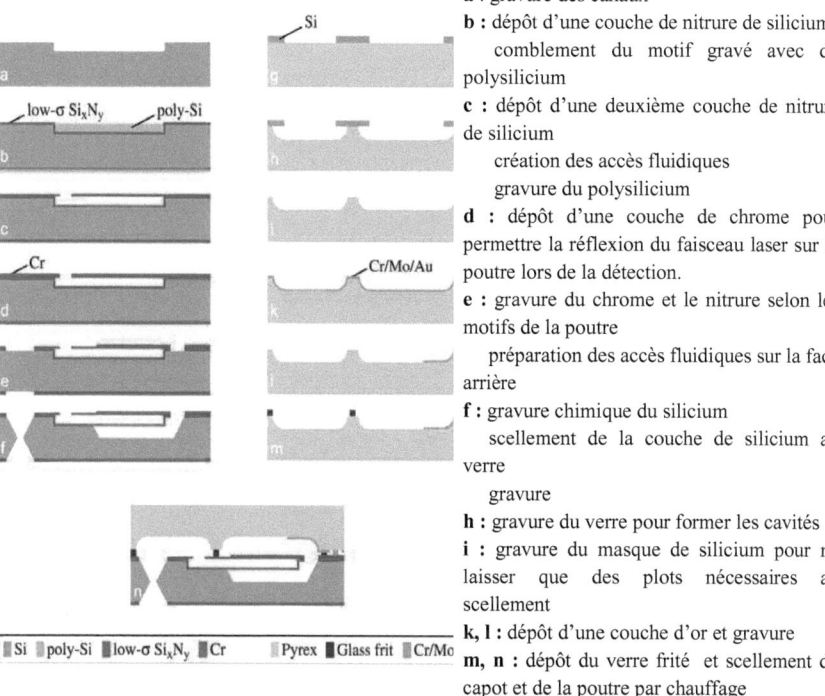

a : gravure des canaux
b : dépôt d'une couche de nitrure de silicium comblement du motif gravé avec du polysilicium
c : dépôt d'une deuxième couche de nitrure de silicium
création des accès fluidiques
gravure du polysilicium
d : dépôt d'une couche de chrome pour permettre la réflexion du faisceau laser sur la poutre lors de la détection.
e : gravure du chrome et le nitrure selon les motifs de la poutre
préparation des accès fluidiques sur la face arrière
f : gravure chimique du silicium
scellement de la couche de silicium au verre
gravure
h : gravure du verre pour former les cavités
i : gravure du masque de silicium pour ne laisser que des plots nécessaires au scellement
k, l : dépôt d'une couche d'or et gravure
m, n : dépôt du verre frité et scellement du capot et de la poutre par chauffage

Figure II. 28 : Procédé de fabrication et de packaging [Bur07]

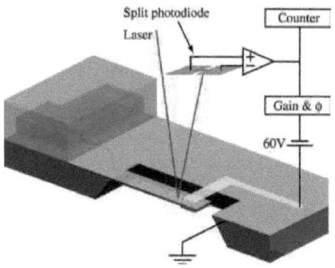

Figure II. 29 : Schéma du dispositif de détection : un champ électrostatique est émis au niveau de la couche d'or et entraîne la vibration de la poutre, le faisceau laser se réfléchit sur la poutre vers une photodiode, le signal électrique est ensuite émis par la diode à une même fréquence que la vibration de la poutre [Bur07]

T. Burg avait déjà publié en 2003 les résultats d'une étude concernant l'élaboration d'une microstructure vibrante en silicium à canaux enterrés de 800nm de profondeur recouverts de polysilicium **[Bur03] (Figure II. 30 a)**. Une détection limite égale à $1.4 \times 10^{-17} g/\mu m$ avait été mesurée pour le greffage d'albumine de sérum bovin **(Figure II. 30 b)**.

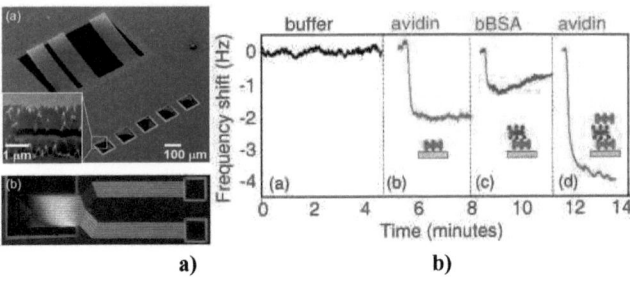

Figure II. 30 : a) Photographie de la micro-poutre avec canaux enterrés, b) mesure de la fréquence de résonance après différent greffage du canal [Bur03]

En 2011, dans la même équipe, J.Lee et T. Burg réalisent des micro-poutres en silicium suspendues avec micro-canaux enterrés avec une détection piézorésistive intégrée **[Lee11]** **(Figure II. 31)**. L'injection de nanoparticules dans le dispositif démontre une sensibilité de -5.4Hz pg^{-1} et -0.7Hz pg^{-1} ainsi qu'une résolution de 3.4fg et 18.1fg respectivement pour des micro-poutres de 210µm de long et 406µm de long.

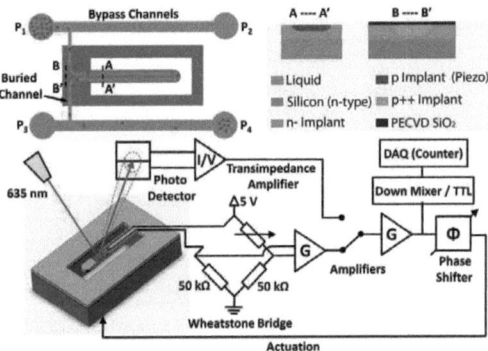

Figure II. 31 : Mode opératoire pour la détection piézorésistive d'une micro-poutre suspendue réalisée par J.Lee et T. Burg. [Lee11]

IV- Conclusion

Les biocapteurs électrochimiques sont les plus commercialisés. Cette technolologie est extrêmement mature de part la spécificité de détection : elle est ainsi utilisée par nombreux malades, dans le cadre du suivi de leur maladie. Ils sont néanmoins peu sensibles pour les diagnostiques précoces et ne peuvent être utilisé pour tous les biomarqueurs.

La détection de biomarqueurs par des molécules fluorescentes et par quantum dots est attractive, car cela permet d'obtenir des limites de détection faible et de travailler en milieu liquide, ce qui assure une bonne préservation du milieu biologique. Néanmoins, dans le cas de la détection par quantum dots, la faible taille des nanoparticules peut induire des problèmes d'interaction avec les entités biologiques ainsi qu'une perte rapide des propriétés de fluorescence. Pour ce qui est de l'utilisation de fluorophores, il existe des problèmes de quenching qui résultent de l'adsorption d'une partie de l'énergie par les autres molécules présentes dans le milieu. De plus, quelque soit la techniques, la mesure indirecte par les méthodes sandwich avec l'analyte à quantifier favorisent les interactions non spécifiques et induit un rapport signal sur bruit élevé.

Les micro-capteurs à ondes acoustiques sont des capteurs de masse sensibles aux changements de surface lors de l'adsorption des biomarqueurs de quelques dizaine de nanogrammes/cm^2. Néanmoins, cette sensibilité est diminuée en milieu liquide car il existe des pertes du signal dûes à la viscosité du milieu.

La SPR est une méthode de détection des biomarqueurs en plein essor pour laquelle la résolution spatiale peut atteindre 0.05 ng.cm^{-2} ou 1 pg de la masse totale. De plus, elle ne nécessite pas de marquage de la protéine d'intérêt. Cependant, ces systèmes sont complexes et présentent un coût élevé. De plus, les études menées jusqu'à présent sont souvent été limitées à de la recherche fondamentales ou à l'étude des interactions moléculaires, en absence de mouvement micro-fluidique. Enfin, le seuil de sensibilité reste trop élevé pour l'application de diagnostic de la maladie d'Alzheimer à partir d'échantillons sanguins que nous visons.

Les systèmes vibrants offrent une alternative intéressante pour la biodétection. Le plus utilisés actuellement sont les QCM, avec une limite de sensibilité dans une solution de 1ng cm^{-2} et une résolution masse totale de 1ng. Les micro-résonateurs de type micro-poutre ont une haute sensibilité avec une variation de masse minimum atteinte de 10^{-21}g **[Yan06]**. Dans ces conditions, la fluctuation de masse détectée est très proche de la limite imposée par le bruit thermique des structures. Ces structures ne peuvent pas être utilisées avec une telle sensibilité en biologie car elles nécessitent d'être sous vide. Ainsi, pour préserver le milieu biologique, l'utilisation d'une phase liquide amortit de manière importante le mouvement de la structure vibrante au détriment du facteur de qualité et donc de la sensibilité de détection.

L'équipe Manalis est de loin de la plus avancée dans la fabrication de micro-dispositif alliant haute sensibilité et préservation du milieu biologique. Cette équipe a ainsi démontré qu'il était possible de détecter une variation de masse de ces structures vibrantes en silicium, avec une résolution de l'ordre du femtogramme (largeur de bande 1 Hz). Ces auteurs ont également démontré que ces micro-résonateurs peuvent détecter une nanoparticule unique en polystyrène **[Dex09]**. Les résultats obtenus montrent que la viscosité liée au fluide passant dans les canaux enterrés peut être négligeable par comparaison à la potentialisation du cristal de silicium qui a un facteur de qualité de 15000. Néanmoins, le procédé de fabrication est complexe et nécessite la maitrise de différents procédés de fabrication clé ainsi qu'un packaging spécifique.

Références bibliographiques :

[Aba01] Abadal G., *Electromechanical model of a resonating nano-cantilever-based sensor for high-resolution and high-sensitivity mass detection*, Nanotech, 12, 2001, 100-104

[Acc01] Accoto D., Carrozza M.C., Dario P., *Modelling of micropumps using unimorph piezoelectric actuator and ball valves*, Journal of Micromechanics and Microengineering, 10, 2001, 100-104

[Ada03] Adams J D., *Nanowatt chemical vapor detection with a self-sensing, piezoelectric microcantilever array*, Applied Physics Letters, 83, 16, 2003, 3428-3430

[And11] Anderson R.R, Hu W., Noh J.W., Dahlquist W.C, Ness S.J, Gustafson TM, Richards DC, Kim S, Mazzeo BA, Woolley AT, Nordin G.P., *Transient deflection response in microcantilever array integrated with polydimethylsiloxane (PDMS) microfluidics*, Lab Chip, 11, 2011, 2088-2096

[Bal00] Baller M.K., Lang H.P., Fritz J., Gerber C., Gimzewski J.K., Drechsler U., Rothuizen H., Despont M., Vettiger P., Battiston F.M., Ramseyer J.P., Fornaro P., Meyer E., Güntherodt H.J., *A cantilever array-based artificial noise*, Ultramicroscopy, 82, 2011, 1-9

[Bas03] Bassil N., *one hundred spots parallel monitoring of DNA interactions by SPR imaging of polymers-functionalised surface applied to the detection of cystic cystic fibrosis mutations*, Sensors and actuators B, 94, 2003, 313-323

[Bat01] Battiston F.M., Ramseyer J.P., Lang H.P., Baller M.K., Gerber Ch., Gimzewski J.K., Meyer E., Güntherodt H.J., *A chemical sensor based on a microfabricated cantilever array with simultaneous resonance-frequency and bending read-out*, Sensors and Actuators B, 77, 2001, 122-131

[Bet00] Betts T.A., Tipple C.A., Sepaniak M.J., Datskos P.G., *Selectivity of chemical sensors based on micro-cantilevers coated with thin polymer films*, Anal. Chem. Acta, 422, 89-99, 2000

[Bia12] http://www.biacore.com/lifesciences/index.html

[Bot04] Bottombey L. A., *Impact of nano and mesoscale particles on the performance of microcantilevers-based sensors*, Anal. Chem., 2004, 76, 5685-5689

[Bod06] Bodas D., Khan-Malek C., *Formation of more stable hydrophilic surfaces of PDMS by plasma and chemical treatment*, Microelectronic Engineering, 83, 2006, 1277-1279

[Bur07] Burg T.P, Godin M, *Weighing of biomolecules, single cells and single nanoparticles in fluid*, Nature, 2007, 446, 1066-1069

[Bur03] Burg, T. P., Manalis, S.R., *Suspended microchannel resonators for biomolecular detection*, Appl. Phys. Lett. 83, 2003, 2698–2700

[Car98] Caruso F., *in-situ measurement of DNA immobilization and hybridization using a 27MHz quartz crystal microbalance*, colloids and surface B : Biointerfaces 10, 1998, 199-204

[Car97] Caruso F., quartz crystal microbalance study of DNA immobilization and hybridization for nucleic acid sensor development, Anal. Chem., 1997, 69, 2043-2049

[Car10] Casero E, Vasquez L., Parra-Alfambra AM, Lorenzo E., *AFM, SECM and QCM as useful analytical tools in the characterization of enzyme-based bioanalytical platforms*, Analyst., 2010,135, 8,1878-903

[Cla62] Clark L. Jr., Lyons C., Ann. NY Acad. Sci., 1962, 102, 29

[Chi12] http://www.chimique.usherbrooke.ca/biogenie/labo/QCM_D/QCM_D.htm

[Coo02] Cooper M. A., *optical biosensors in drug discovery*, nature, 2002, 1, 515-528

[Cygnus] Publicité de la firme Cygnus Inc. Redwood City, CA, USA

[Dav01] Davis Z., Transducers 2001

[Dat99] Datskos P.G, Sauers I., *Detection of 2-mercaptoethanol using gold-coated micromachined cantilevers*, Sensors and Actuators B, 61, 1999, 75-82

[Dag08] D'Agata R., Corradini R., Grasso G., Marchelli R., Spoto G., Chembiochem, 9, 2008, 2067–2070

[Dav00] Davis Z.J, G Abadal, O Kuhn, O Hansen, F Grey, A Boisen, *Fabrication and characterization of nanoresonating devices for mass detection*, Journal of vacuum science and technology, B, 18, 2, 2000, 612-616

[Deb10] Debliquy M., *Capteurs biochimiques*, techniques de l'ingénieur Doc. R 421

[Dex09]   Dextras P., Burg T.P., Manalis S.R., *Integrated Measurement of the Mass and Surface Charge of Discrete Microparticles Using a Suspended Microchannel Resonator*, Analytical Chemistry, 2009, 81, 4517–4523

[Dub02]   Dubertret B, Skourides P, Norris DJ, Noireaux V, Brivanlou AH, Libchaber A., *In vivo imaging of quantum dots encapsulated in phospholipid micelles*, Science, 2002, 298, 1759–62

[Dub12]   Dubourg G., Dufour I., Pellet C., Ayela C., *Optimization of the performances of SU-8 organic microcantilever resonators by tuning the viscoelastic properties of the polymer*, Sensors and Actuators B, 169, 320– 326,2012

[Duf04]   Dufour I., Français O., *Microsystèmes utilisant des fluides, chapitre 8 du tome micro-fluidiques du traité Electronique, Génie Electrique et Microsystèmes*, éditions Hermès, 305-343, 2004

[Elf09]   El Fissi L., *détection et mesure pour les applications de capteurs en milieu liquide*, université de France Comté, 2009

[Efr96]   Efros A.L., Rosen M., Kuno M., Nirmal M., Norris D.J., Bawendi M.. *Bandedge exciton in quantum dots of semiconductors with a degenerate valence band : Dark and bright exciton states.*, Phys. Rev. B 54, 1996, 4843

[Esi12]   www.esi.umontreal.ca/~badiaa/biocapteurs.pdf

[Fra10]   Frasconi M., *multifunctional au nanoparticules dendrimer-based surface plasmon resonance biosensor and its application for improved insulin detection*, Anal. Chem., 2010, 82, 7335-7342

[Fra06]   Francis L., *thin film acoustic waveguides and resonators for gravimetric sensing applications in liquid*, thèse de doctorat, Université catholique de Louvain, 2006

[Fou05]   Le Foulgoc B., *highly insulated single-cristal silicon resonators: an approach for intrinsic quality factor*, MME, 2005, 168-172

[Gao04]   Gao X.H, Cui Y.Y, Levenson R.M, Chung L.W.K, Nie S.M., *In vivo cancer targeting and imaging with semiconductor quantum dots*, Nat Biotechnol, 2004, 22, 969–76

[Gao08]   Gao H., *improved surface modification approach for micromechanical biosensors*, Langmuir, 24, 2, 2008, 345-349

[Gro05]   Grosjean L., Cherif B., Mercey E., Roget A., Levy Y., Noel Marche P., Villiers M.-B., Livache T., *a polypyrrole protein microarray for antibody–antigen interaction studies using a label-free detection process*, Analytical Biochemistry 347, 2005, 193–200

[Gei10]   Geissler D, Charbonnière LJ, Ziessel RF, Butlin NG, Löhmannsröben HG, Hildebrandt N., *Quantum dot biosensors for ultrasensitive multiplexed diagnostics*, Angew Chem Int Ed Engl. 2010, 15, 49, 8, 1396-401

[Guo11]   Guo L., Ferhan A. R., Lee K., Kim D.-H., *Nanoarray-Based Biomolecular Detection Using Individual Au Nanoparticles with Minimized Localized Surface Plasmon Resonance Variations*, Anal. Chem., 2011, 83, 2605–2612

[Guo12]   Guo L., Kim D.-H., *LSPR biomolecular assay with high sensitivity induced by aptamer–antigen– antibody sandwich complex*, Biosensors and Bioelectronics 31, 2012, 567– 570

[Giz97]   Gizeli E., *Antibody Binding to a Functionalized Supported Lipid Layer: A Direct Acoustic Immunosensor*, Anal Chem, 69, 1997, 4808-4813

[God10]   Godin M., Delgado F.F, Son S., Grover W.H, Bryan A.K, Tzur A., Jorgensen P., Payer K., Grossman A.D., Kirschner M.W, Manalis S.R, *Using buoyant mass to measure the growth of single cells*, Nature Methods, 5, 2010, 387-90

[Gup04]   Gupta, Akin, Bashir, *Single virus particle mass detection using microresonators with nanoscale thickness*, Appl. Phys. Lett., 84, 2004, 11

[Hag01]   Hagleitner C., Hierlemann A., Lange D., Kummer A., Kerness N., Brand O., Baltes H., *Smart single-chip gas sensor microsystem*, Nature, 414, 2001, 293-296

[Han05]   Hansen M. K., Thundat T., *Microcantilever biosensors*, Methods 37, 2005, 57–64

[Hil08]   Hill K., *morphological and chemical optimization of microcantilever surfaces for thyroid system biosensing and beyond*, analytica chimica acta, 625, 2008, 55-62

[Hil12]   Hildebrandt N., Geißler D., *Semiconductor Quantum Dots as FRET Acceptors for Multiplexed Diagnostics and Molecular Ruler Application*, Nano-Biotechnology for Biomedical and Diagnostic Research, Advances in Experimental Medicine and Biology, 2012, 733, 75-86

[Hu85]   Hu K. W. J., Vogelhut P. 0., 1985, *Polymer catalyst transducers and their use in test kits for analytical methods,* (Miles) European Patent Application EP 140322

[Ho05]   Ho C.L, Kurman R.J, Wang T.L, Shih I.M., *Mutations of BRAF and KRAS precede the development of ovarian serous borderline tumors,* Modern Pathol, 2005; 18, 186A

[Hwa04]   Hwang K. S., *in situ quantitative analysis of the prostate-specifique antigene (PSA) using a nanomechanical PZT cantilever,* lab on chip, 4, 2004, 547-552

[Ili00]   Ilic B., Czaplewski D., Craighead H. G., Neuzil P., C. Campagnolo C., Batt C., Appl. Phys. Lett.,2000, 77, 3, 450–452

[Ili04]   Ilic B., Craighead H.G., Krylov S., Senaratne W., Ober C., Neuzil P., *Attogram detection using nanoeectromechanical oscillators,* J. Appli. Phys., 95, 7, 2004, 3694-3703

[Inn20]   http://www.initium2000.com/en/AFFINIX_Series.pdf

[Jaf94]   Jaffrezic-Renault N., Martelet C., Clechet P, *Capteurs chimiques et biochimiques,* techniques de l'ingénieur Doc. PE 360 - R 420

[Han05]   Hansen K.M, Thundat T., *microcantilever biosensor,* methods 37, 2005, 57-64

[Kao08]   Kao P., *Human serum albumin absorption study on 62-MHz miniaturized quartz gravimetric sensors,* anal. Chem, 2008, 80, 5930-5936

[Ken02]   McKendry R., Zhang J., Arntz Y., Strunz T., Hegner M., Lang H.P, *multiple label-free biodetection and quantitative DNA-Binding assays on a nanomechanical cantilever array,* PNAS, 2002, 15, 9783-9788

[Kim01]   Kim E.J., Yanagida Y., Haruyama T., Kobatake E., Aizawa M., *Immunosensing system for α-fetoprotein coupled with a disposable amperometric glucose oxidase sensor,* Sensors and Actuators B: Chemical, 2001, 79, 2, 15, 87-91

[Kim02]   Kim B.H., Kern D.P., Raible S., Weimar U., *Fabrication of micromechanical mass-sensitive resonators with increased mass resolution using SOI substrate,* Microelectonic Engineering, 61-62, 2002, 947-953

[Kur03]   Kurosawa S., *Immunosensors using a quartz crystal microbalance,* meas. Sci. Technol, 14, 2003, 1882-1887

[Kon07]   Koncki R., *recent developments in potentiometric biosensors for biomedical analysis,* Analytica Chimica Acta, 599, 2007, 7-15

[Lav03]   Lavrik N. V., Datskos P. G., Appl. Phys. Lett., 2003, 82, 16, 2697–2699

[Lav04]   Lavrik N.V., Sepaniak M.J., Datskos P.G., *Cantilever transducers as a platform for chemical and biological sensors,* Rev. Sci. Instrum., 75, 2004, 7

[Lee05]   Lee J. H., *immuno assay of prostate-specific antigen (PSA) using resonant frequency shift of piezoelectric nanomechanical microcentilevers,* bioosensors and bioelectronics 20, 2005, 2157-2162

[Lee10]   Lee J., Shen W., Payer K., Burg T. P., Manalis S. R., *Toward Attogram Mass Measurements in Solution with Suspended Nanochannel Resonators,* Nano Lett. 2010, 10, 2537–2542

[Lee11]   Lee J., *suspended microchannel resonators with piezoresistive sensors,* lab on chip, 2011, 11, 645-651

[Li12]   Li Y., Deng C., Yang M., *A novel surface acoustic wave-impedance humidity sensor based on the composite of polyaniline and poly(vinyl alcohol) with a capability of detecting low humidity,* Sensors and Actuators B, 165, 2012, 7– 12

[Lia12]   Liang A., Liu Q., Wen G., Jiang Z, *The surface-plasmon-resonance effect of nanogold/silver and its analytical applications,* TrAC Trends in Analytical Chemistry, 37, 2012, 32–47

[Mys04] Myszka D. G., *analysis of small-molecule interactions using Biacore S51 technology, analytical biochemistry,* 329, 2004, 319-323

[Mit06]   Mitsushio M., Miyashita K., Higo K., *Sensor Properties and Surface Characterization of Silver-deposited SPR Optical Fibers sensors with Au, Ag, Cu and Al,* Sens. Actuators A, 125, 2006, 296

[Man07] Manneli I., Lecerf L., Guerrouache M., M. Goossens, M.-C. Millot, M. Canva, *DNA immobilisation procedures for surface plasmon resonance imaging (SPRI) based microarray systems,* Biosensors and Bioelectronics 22, 2007, 803–809

[Mou00]   Moulin A.M., O'Shea S.J., Welland M.E., *Microcantilever-based biosensors*, Ultramicroscopy, 82, 2000, 23-31
[Mit11]   Mitsakakis K., Gizeli E., *Detection of multiple cardiac markers with an integrated acoustic platform for cardiovascular risk assessment*, Analytica Chimica Acta, 2011, 699, 1– 5
[Nin10]   Xia N., Liu L., Harrington M. G, Wang J., Zhou F., Anal. Chem. 2010, 82, 10151–10157
[Nor09]   Norberg O. Deng L., Yan M., Ramstrom O., *Photo-Click Immobilization of Carbohydrates on Polymeric Surfacess, A Quick Method to Functionalize Surfaces for Biomolecular Recognition Studies*, Bioconjugate Chem., 20, 2009, 2364–2370
[Nug07]   Nugaeva N., Gfeller K. Y., Backmann N., Düggelin M., Lang H. P., Güntherodt H.-J., Hegner M., *An Antibody-Sensitized Microfabricated Cantilever for the Growth Detection of Aspergillus niger Spores*, Microsc. Microanal. 13, 13–17, 2007
[Oli12]   Oliver M.J., Hernando-Garcia J., Pobedinskas P., Haenen K., Rios A., J.L. Sanchez-Roja J.L, *Reusable chromium-coated quartz crystal microbalance for immunosensing*, Colloids and Surfaces B: Biointerfaces 88, 2011, 191– 195
[Pad96]   Paddle B.M., *Biosensors for chemical and biological agents of defence interest*, Biosensors and Bioelectronics, 11, 1996, 1079-1113
[Ram09]   Ramos D., *array of dual nanomechanical resonators for selective biological detection*, Anal; chem., 81, 2009, 2274-2279
[Red12]   Reddy S. B., Mainwaring D.E., Al Kobaisi M., Zeephongsekul P., Fecondoa J. V., *Acoustic wave immunosensing of a meningococcal antigen using gold nanoparticle-enhanced mass sensitivity*, Biosensors and Bioelectronics 31, 2012, 382– 387
[Rai08]   Raimbault V., *Acoustic Love wave platform with PDMS microfluidic chip*, Sensors and Actuators A 142, 2008, 160–165
[Rog03]   Rogers B., Manning L., Jones M., Sulchek T., Murray K., Beneschott B., Adams J. D., Hu Z., Thundat T., Cavazos H., Minne S.C., *Mercury vapor detection with a self-sensing, resonating piezoelectric cantilever*, Review of Scientific Instruments, Volume 74, 11, 4899-4901, 2003
[Sau59]   Sauerbrey G., Zeitschrift Fur Physik 155, 1959, 206–222
[Sch11]   Schäferling M., Nagl S., Förster *Resonance Energy Transfer Methods for Quantification of Protein– Protein Interactions on Microarrays, Protein Microarray for Disease Analysis*, Methods in Molecular Biology, 723, 6, 2011, 303-320
[She06]   Shekhawat G., *Mosfet-embedded microcantilevers for measuring deflection in biomolecular sensors*, science, 311, 2006, 1592-1595
[Sav04]   Savran C. A., *micromechanical detection of proteins using Aptamer-based receptor molecules*, anal. Chem., 76, 2004, 3194-3198
[Sca00]   Scarano S., Mascini M., Turner A. P.F., Minunni M., *Surface plasmon resonance imaging for affinity-based biosensors*, Biosensors and Bioelectronics 25, 2010, 957–966
[Sto06]   Stoyanov I., *microfluidic devices with integrated active valves on thermoplastics elaslastomer, microeelectronics ingenieering*, 83, 2006, 1681
[Swo08]   Sworowsk M., *Conception de microstructures résonantes destinées aux applications radiofréquences et fabrication en technologie d'intégration de composants passifs sur silicium*, Thèse, Lille 1, 2008
[Sin99]   Singh-Gasson S., R.D., Green Y., Yue C., Nelson F., Blattner, Sussman M.R., Cerrina F., *Maskless fabrication of light directed oligonucleotide microarrays using a digital micromirror array*, Nat. Biotechnol, 17, 1999, 974-978
[Shin98] Shin J.H., Yoon S. Y., Yoon I. J., Choi S. H., Lee S. D., Nam H. Cha G. S., *Potentiometric biosensors using immobilized enzyme layers mixed with hydrophilic polyurethane*, Sensors and Actuators B : Chemical, 50, 1998, 19-26
[Smi09]   Smith J. L., Diabète, *Analyse glycémique non intrusive*, http://www.mendosa.com/bechet.pdf
[Tha00]   Thaysen J., Boisen A., Hansen O., Bouwstra S., *Atomic force microscopy probe with piezoresistive read-out and a highly symmetrical Wheatstone bridge arrangement*, Sensors and Actuators A, 83, 2000, 47-53
[Tou12]   http://www.edu.upmc.fr/sdv/docs_sdvbmc/Master/ue/MV426/fluo89.pdf

	Principe physique de la Fluorescence, Tounsia Aït-Slimane, UMRS 938, CDR Saint-Antoine, CHU Saint-Antoine
[Tam02]	Tamarin O., *Etude de capteurs à onde de Lowe pour application en milieux liquide : cas de la détection de bactériophages en temps réel*, thèse de doctorat, université bordeaux 1, 2002
[Tam03]	Tamarin, S. Comeau, C. Dejous, D. Moynet, D. Rebidre, J. Bezian, J. Pistre, *real time device for biosensing : design of a bacteriophage model using Love acoustic waves*, biosensors and bioeletronics, 18, 2003, 755
[Tat98]	Murakami T., Kuroda S.-I., Osawa Z., *Dynamics of Polymeric Solid Surfaces Treated with Oxygen Plasma: Effect of Aging Media after Plasma Treatment*, J. Colloid Interface Sci., 202, 1998, 37-44
[Tos85]	Toshiba Corp. (1985), *Method and apparatus for the quantitative determination of glucose in blood and urine. Japanese*, Patent Application JP 6095343
[Van03]	Vancura C., Rüegg M., Li Y., Lange D., Hagleitner C., Brand O., Hierlemann A., Baltes H., *Magnetically actuated CMOS resonant cantilever gas sensor for volatile organic compounds*, Transducers'03, the 12th International Conference on Solid-State Sensors, Actuators and Microsystems, Boston, USA, 2003, 1355-1358
[Var08]	Varshney M, Waggoner P.S, Tan C.P, Aubin K, Montagna R.A, Craighead H.G, *Prion Protein Detection Using Nanomechanical Resonator Arrays and Secondary Mass Labeling*, Anal. Chem, 2008, 80, 2141-2148
[Wan01]	Wang J, *Glucose Biosensors: 40 Years of Advances and Challenges*, Electroanalysis, 13, 12, 2001, 983- 988
[Wu01]	Wu G., Datar R. H., Hansen K. M., Thundat .T., Cote R. J., Majumdar A., *Bioassay of prostate-specific antigen using microcantilevers, nature biotechnology* , 2001, 19, 856-860
[Wils05]	Wilson P. K., *a novel optical biosensor format for the detection of clinically relevant TP53 mutations*, biosensors and bioelectronics 20, 2005, 2310-2313
[Yao10]	Yao C., Zhu T., Qi Y., Zhao Y., Xia H., Fu W, *Development of a Quartz Crystal Microbalance Biosensor with Aptamers as Bio-recognition Element*, Sensors, 10, 2010, 5859-5871
[Yi02]	Yi J.W., Shih W.Y., *Effect of length, width, and mode on the mass detection sensitivity of piezoelectric unimorph cantilevers*, Journal of Applied Physics, 91, 2002, 1680-1686
[Yue08]	Yue M., *label-free protein recognition two-dimensional array using nanomechanical sensors*, nano letters, 8, 2, 2008, 520-524
[Yan06]	Yan X., *Microcantilevers modified by harseradish peroxidase intercalated nano-assembly for hydrogen peroxide detection*, Analytical sciences, 22, 2006, 205-208
[Yang06]	Yang Y. T., Callegari C., Feng X. L., Ekinci K. L., Roukes M. L., *Zeptogram-Scale Nanomechanical Mass Sensing, Nano Lett.*, 6, 583–586, 2006
[Yon11]	Yoon J., *Recent progress on fluorescent chemosensors for metal ions*, Inorg. Chim. Acta, 2011, sous press
[Zha07]	Zhang B., X. Zhang, Yan H.-H., Xu S.-J., Tang D.-H.; Fu W.-L, *A novel multi-array immunoassay device for tumor markers based on insert-plug model of piezoelectric immunosensor*, biosensors and bioelectronics, 23, 2007, 19-25
[Zho03]	Zhou J., Li P., Zhang S., Huang Y., Yang P., Bao M., Ruan G., *Self-excited piezoelectric microcantilever for gas detection, Microelectronic Engineering*, 69, 37-46, 2003

Chapitre III : Préparation chimique de surface en vue d'un greffage biologique

Dans le cadre de la fabrication d'un biocapteur en silicium, il est nécessaire de préparer chimiquement la surface en vue d'une reconnaissance biologique. Aussi, le plus souvent, afin de fixer les entités biologiques sur le matériau sans les dénaturer, il est nécessaire de greffer un composé organique, appelé couche auto-assemblée [**Sch00**]. Dans notre cas, cette voie intéressante repose sur l'utilisation d'organosilanes qui peuvent se lier de manière covalente sur le support solide. Ces silanes ont la capacité de s'auto-assembler en formant une monocouche présentant une grande stabilité. Cette auto-organisation permet une meilleure stabilité des protéines greffées sur des surfaces solides.

I- Généralités sur les techniques de fonctionnalisation chimique de surface

I.1- Définition d'une couche auto-assemblée

Le plus couramment, il s'agit d'assemblages moléculaires se formant spontanément par l'adsorption d'un tensioactif avec une affinité spécifique de sa tête polaire à un substrat [**Sch00**]. Généralement, les couches auto-assemblées sont constituées de petites molécules organiques de quelques nanomètres de longueur. Les matériaux supports typiquement utilisés sont le GeO_2 [**Hof97**], le SnO_2 [**Tad95b**], le SiO_2 [**Fad99**] et le verre [**Zyb97**]. Les couches auto-assemblées peuvent s'organiser à la surface d'un matériau sous forme de films de différentes natures. Par exemple, les films de Langmuir sont formés par la diffusion des molécules amphiphiles sur la surface d'un liquide, les films de Langmuir-Blodgett étant quant à eux préparés par le transfert de films de Langmuir sur un substrat. La croissance de couches auto-assemblées peut également être réalisée par méthode d'Epitaxie à Jet Moléculaire (Molecular Beam Epitaxy ou MBE). Ces deux méthodes sont couramment utilisées pour les couches organiques. Mais, lorsqu'il s'agit de préparer la surface pour la fixation d'entités biologiques, la première solution est souvent privilégiée à cause de la facilité de mise en œuvre.

Rappelons que les molécules utilisées pour former des couches auto-assemblées ont une propriété commune résidant en leur caractère amphiphile. Parmi celles-ci, les plus couramment utilisées sont les organosilanes.

I.2-Fonctionnalisation chimique par silanisation

La réaction de silanisation a été mise au point il y a plus de 40 ans pour des applications en chromatographie [**Big46**]. Elle est aujourd'hui un procédé assez répandu, dans le domaine de la recherche comme dans l'industrie, pour la modification des propriétés de surface des matériaux inorganiques. Ses domaines d'applications sont très vastes et vont de la chromatographie jusqu'aux lubrifiants pour MEMS ou le greffage biochimique [**Mab98**] [**Fau04**] [**Jon85**] [**Jon87**]. Selon les conditions de la réaction, la nature de l'organosilane et l'état des surfaces, des structures différentes peuvent être produites sur la surface.

I.2.1-Différents types d'organosilanes

Les organosilanes sont des composés de type $R_nSiX_{(4-n)}$ où R est un radical organique et X un groupement facilement hydrolysable (OH, -Cl, -OMe, -OEt) (**Figure III. 1**). Ceux-ci sont constitués de longues chaînes hydrocarbonées susceptibles de former des monocouches dont l'épaisseur dépend de la longueur de la chaîne aliphatique de l'organosilane [**Gov94**] ainsi que de son orientation [**Clo08**]. La réactivité des silanes dépend de la nature chimique du groupement terminal T.

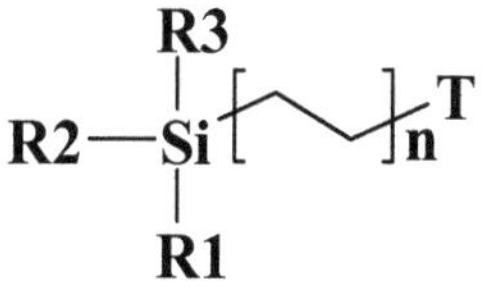

$$R2-\underset{\underset{R1}{|}}{\overset{\overset{R3}{|}}{Si}}-[\sim]_n T$$

Figure III. 1: Structure générale d'un organosilane [Col08]

I.2.1.1- Composés aminosilanes

Lorsque le groupement T est une fonction amine ($-NH_2$), l'organosilane est un aminosilane. Les aminosilanes sont utilisés pour les adsorptions [**Bal97**] ou la création de liaisons covalentes des protéines [**Bal06**] [**Elg04**]. L'aminosilane le plus utilisé est le 3-aminopropyltriethoxysilane (APTES) qui présente une fonction amine libre terminale. Le solvant de la réaction est généralement aqueux et acide (acétone/eau à un pH 3.5). Ce solvant est justifié par la nature chimique du groupement terminal. En effet, en présence d'eau, un réseau tridimensionnel de polymères de silanes se forme à la surface du silicium : la réaction de polymérisation est difficile à contrôler et des couches d'épaisseurs variables sont obtenues. Pour contrôler la polymérisation, il est nécessaire d'avoir une quantité variable de solvant organique miscible à l'eau, comme l'acétone. De plus, dans le cas d'aminosilanes comme l'APTES, la fonction amine libre de la chaîne organique peut être un catalyseur [**Bil88**] [**Car88**]. Elle confère alors des propriétés d'autocatalyse au silane, ce qui facilite le greffage sur le verre ou la silice. Malheureusement, la réaction de silanisation implique également une auto-condensation à la surface du substrat, ce qui rend difficile le contrôle de la polymérisation de l'APTES [**Car88**] [**Tri96**]. Enfin, l'utilisation d'un groupement non-protégé de type amine primaire augmente le nombre d'interactions non-covalentes comme les liaisons hydrogènes ou les interactions électrostatiques avec la surface ou entre les molécules en solution. L'orientation des silanes ne peut alors pas être contrôlée, ce qui diminue potentiellement l'accessibilité des fonctions amines à la surface du substrat.

I.2.1.2- Composés alkylsilanes

Lorsque le groupement T est un groupement carboné, l'organosilane est un alkylsilane. Comme les aminosilanes, les alkylsilanes sont des composés organiques contenant un atome de silicium, lié à trois groupements hydrolysables et à une chaîne carbonée de longueur variable. Ils sont généralement constitués d'un groupement hydrophobe et d'un groupement hydrophile, tous deux reliés par exemple par une chaîne alkyle -$(CH_2)_n$- ou par une chaîne de groupements fluoro-carbonés -$(CF_2)_n$- : le groupement hydrophobe s'accroche à la surface du matériau alors que le groupement hydrophile reste disponible sur la surface pour un greffage ultérieur. Les molécules s'organisent suivant la normale à la surface et forment ainsi une structure dense grâce aux interactions de Van der Waals existant entre les chaînes hydrophobes. L'inconvénient majeur des alkylsilanes réside dans la difficulté de former des monocouches auto-assemblées de type siloxane car ils sont sensibles à la présence d'eau. De plus, ils sont des précurseurs du silicium car ils ont tendance à se polymériser. Pour la formation de siloxanes, le silicium avec sa couche d'oxyde natif qui présente une surface amorphe, est favorable au greffage d'organosilanes [Sch00]. Les couches auto-assemblées résultantes sont des monocouches de siloxane qui sont le plus souvent décrites comme cristalline [Sch00]. La plupart des couches auto-assemblées de type siloxane présentent une forte stabilité thermique uniquement limitée par la nature des fonctions terminales [Par05].

Il existe une distinction entre les silanes monofonctionnels, difonctionnels et trifonctionnels qui sont respectivement de type R_3SiX, R_2SiX_2 et $RSiX_3$, où R est une chaîne carbonée de longueur et de terminaison très variables et X sont des groupements d'accroche facilement hydrolysables (Cl, OR ou NMe_2). Les groupements hydrolysables favorisent la formation des liaisons intermoléculaires entre la surface et le silane. L'augmentation des liaisons intermoléculaires entre le silane et le substrat rend le greffage plus résistant.

Les organosilanes monofonctionnels, ne possèdent qu'un seul groupement hydrolysable. Ils sont donc très attractifs en termes de reproductibilité de structures de surface parce que seul un lien covalent (Si–O–Si) est possible avec la surface. Cependant, la réaction devient très lente : le temps de réaction peut être de plusieurs jours pour obtenir une densité maximal de liaisons covalentes en milieu liquide [Fad00]. Les silanes difonctionnels sont les moins utilisés et étudiés car ils sont à la fois peu réactifs [Dug03] et les silanisations sont peu reproductibles.

Les silanes trifonctionnels restent les plus réactifs : cette propriété leur confère un caractère électrophile accrue au silicium. En présence d'eau, ils sont capables de polymériser, ce qui accroît le nombre de structures possibles pouvant être condensation 1D ou une polycondensation 2D et 3D (**Figure III. 2**). Les alkyltrichlorosilanes ont été les plus étudiés, notamment pour leur phénomène d'auto-assemblage. Les composés ont tendance à former un grand nombre de liaisons fortes entre les molécules de silanes tandis que peu de silanols se condensent sur la surface. Ceci permet la préparation de monocouches de même qualité sur différentes surfaces, comme le silicium ou le verre. Evidemment, l'auto-assemblage n'est pas la seule réaction possible des alkyltrichlorosilanes avec la surface : ils peuvent également réagir avec les groupements silanols de la surface pour former des liens covalents. Les structures où les silanes sont triplement liés à la surface n'existent pas pour des raisons d'encombrement stériques

I.2.2- Influence de la surface sur le procédé de silanisation

La nature de la surface est un paramètre déterminant dans la réussite du greffage de l'organosilane. Compte tenu du mécanisme de la réaction, il s'avère que le rendement de silanisation est directement lié à la concentration des groupements hydroxydes à la surface du matériau [**Col08**] [**Fad00**]. Les matériaux typiquement utilisés sont le silicium oxydé ou le verre car ils sont riches en groupements hydroxyles. Le mica peut également être utilisé comme matériaux de croissance [**Lam00**]. Le silicium est essentiellement oxydé par oxydation humide avec une solution de piranha [**Tat04**] [**Liu04**] éventuellement complété par un traitement par ozonolyse, il peut aussi être aussi oxydé par voie thermique dans des fours d'oxydation [**Bae94**]. Bien que moins favorable à la silanisation que des surfaces oxydées, le silicium brut, c'est-à-dire non traité mais recouvert d'une couche de silice dite native de 2nm d'épaisseur, peut aussi être utilisé pour des réactions de silanisation [**Tat04**] [**Len06**]. De plus, il a été montré que sous atmosphère sèche, qu'il n'existe pas de différence de comportement entre une surface avec une couche native d'oxyde et une surface oxydé [**Kim08**].

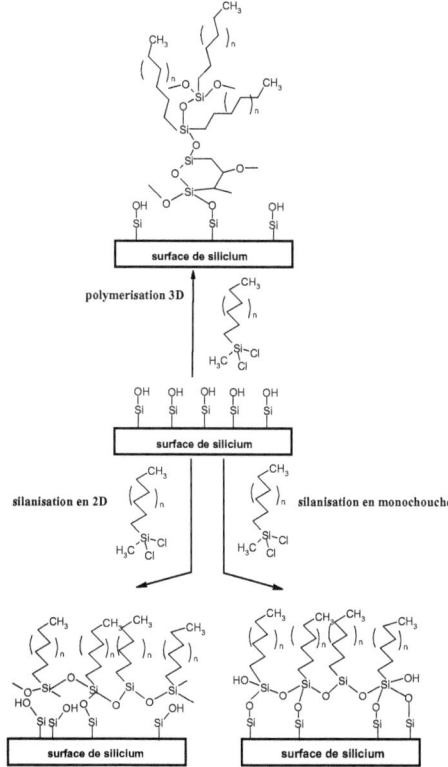

Figure III. 2: Greffage des alkyltrichlorosilanes sur une surface de silicium oxydée

Il existe principalement trois techniques de greffage lors du processus de silanisation: le greffage en phase vapeur, en solution et par impression par contact.

I.2.3- Différentes techniques de silanisation

I.2.3.1- Silanisation en phase gazeuse

Depuis quelques années des travaux ont révélé que le dépôt chimique en phase vapeur (Chemical Vapor Deposition ou CVD) était une méthode très efficace pour obtenir des monocouches de silane d'excellente qualité [**Hoz01**]. Le principe consiste à évaporer le silane qui se dépose sur le substrat sous forme d'un film. La silanisation en phase gazeuse est une opération relativement délicate, car la propreté du bâti de silanisation est le facteur essentiel à la réussite du procédé, cependant sa réalisation permet d'obtenir des monocouches greffées de très bonne qualité et ceci avec une très bonne reproductibilité. Pour ce mode de silanisation, les échantillons sont placés dans un réacteur [**Tho91**]. Pour les molécules avec une faible pression de vapeur saturante, le réacteur peut être chauffé modérément [**Fad00**]. La circulation du silane est possible grâce au balayage du réacteur par un gaz inerte, servant de vecteur du silane, par exemple l'hélium [**Pal04**]. Le procédé peut également être réalisé sous ultra-vide (UHV) [**Poi96**] [**Poi99**]. Au cours de ce type de manipulations, une attention plus importante doit être apportée lors du nettoyage, du séchage du réacteur, de la préparation des échantillons et de la manipulation à proprement dite du silane à cause de sa dangerosité (inflammabilité à l'air). De plus, l'emploi d'une chambre UHV est généralement plus cher que la croissance en solution : les avantages du dépôt en phase gazeuse dans une chambre UHV sont exclusivement d'avoir un environnement propre et la possibilité de réaliser un grand nombre d'analyses in situ à la surface du matériau.

I.2.3.2- Silanisation par impression

La technique par impression, consiste en un dépôt sélectif du silane. Le dépôt peut être réalisé à l'aide d'un tampon de poly-diméthylsiloxane (PDMS) trempé préalablement dans une solution de silane ou par impression par jet de gouttes.
L'impression par microcontact est basée sur le transfert du silane à partir d'un tampon PDMS sur une surface au niveau des zones en contact avec le tampon. Le timbre est fabriqué par moulage d'un masque rigide. Le tampon trempé dans un mélange de silane et de solvant puis les timbres de PDMS recouverts de l'organosilane sont déposés manuellement sur les substrats. A titre d'exemple, l'équipe de Harada a utilisé un procédé d'impression par contact pour greffer de l'octadecyltrichlorosilane et le 7-octenyltrichlorosilane (5 à 100mM dans du toluène) sur des substrats de silicium avec une couche silice [**Har09**] [**Mar05**].
L'impression par microcontact est une méthode simple et peu coûteuse. De plus, la méthode est compatible avec une grande variété de substrats et de silanes.

Une méthode de haute précision spatiale consiste à imprimer les silanes au moyen d'une imprimante robotisée permettant ainsi d'obtenir un débit élevé et un dépôt rapide [Par03]. Les volumes de silanes imprimés à la surface des substrats sont de l'ordre du nanolitre grâce à un jet de silane via des micro-capillaires électriquement commandées [Lem98]. Le contrôle de l'impression est possible par l'intermédiaire d'un logiciel de traitement de texte ou d'édition graphique. Cette technique est de faible cout. De plus, la qualité des surfaces obtenues sont identique à celles réalisé par l'impression par microcontact ou une adsorption en solution [Par03].

I.2.3.3- Silanisation en phase liquide

Le dépôt de monocouches auto-assemblées de silane se fait généralement en phase liquide. Le substrat préalablement nettoyé, est tout simplement plongé dans la solution contenant l'organosilane dans un solvant approprié, pendant un temps déterminé permettant à la monocouche de se former. En fin de greffage, le substrat est rincé et séché. La facilité de préparation et les faibles coûts du greffage en solution sont les raisons majeurs du succès de cette technique. La majorité des couches auto-assemblées sont greffés dans des solutions organiques avec des concentrations comprises entre 0.1% et 1% en proportions volumiques. La principale difficulté de cette technique est le contrôle de la propreté de la solution de silanisation. Par ailleurs, après le greffage complet de la couche auto-assemblée, une procédure appropriée de rinçage doit être entreprise pour éliminer le silane non greffé sur la surface du matériau. Le solvant de réaction dépend de l'organosilane greffé : par exemple, l'équipe de Wassermann a réalisé une réaction en phase liquide en utilisant plusieurs alkyltrichlorosilanes en solution dans de l'hexadécane ou du bicyclohexyl (0.1 et 0.5% en masse) [Was89]. La température de la réaction, le taux d'humidité du milieu réactionnel et le temps d'immersion sont également des paramètres indispensables à maîtriser pour obtenir un dépôt homogène et uniforme.

I.2.3.3.1- Description du procédé de silanisation

Le mécanisme le plus souvent adopté aujourd'hui pour l'adsorption des alkylchlorosilanes sur des surfaces contenant des groupements silanols se décompose en trois étapes (**Figure III. 3**) [Brz94]. Le silane est d'abord attiré vers la surface de la silice par sa tête polaire, puis ce dernier est physisorbé par une couche d'eau adsorbée à la surface de la silice. Les liaisons Si–Cl sont ensuite hydrolysées pour donner des liaisons Si–OH : lors de cette étape, des liaisons hydrogènes peuvent être créées entre le silane et la surface du matériau de greffage. La dernière étape est la condensation du silane avec les groupements silanols (Si–OH) présents sur la surface pour former des liens covalents Si–O–Si.

Pour obtenir des surfaces fonctionnalisées de bonne qualité, il est donc important de travailler en dessous de la température de transition T_c [Brz94]. K. Iimura est arrivé aux mêmes conclusions en menant une étude infrarouge sur des substrats de verre [Iim00].

Chapitre III: Préparation chimique de surface en vue d'un greffage biologique

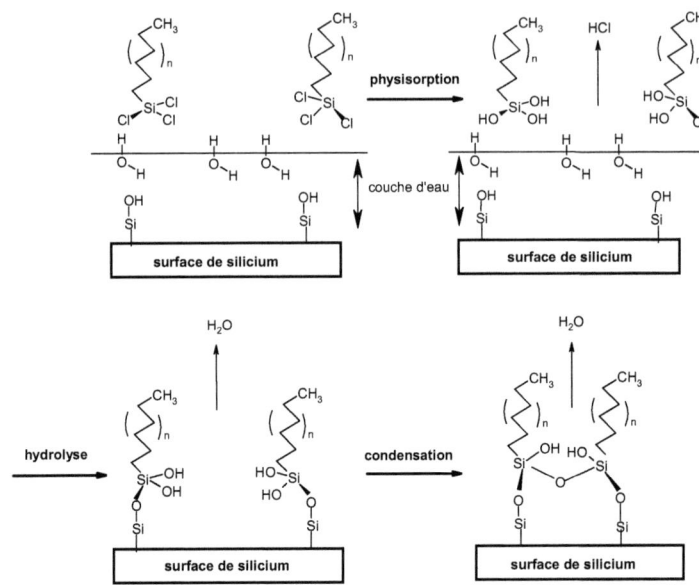

Figure III. 3: Mécanisme général proposé pour la réaction de silanisation sur une surface de silicium légèrement oxydée

I.2.3.3.2- Paramètres physico-chimiques influents sur la réaction de silanisation

I.2.3.3.2.a- Influence de la température

Dans la littérature, il existe peu de publications traitant de l'influence de la température. La température de réaction est pourtant un paramètre important dans la réaction de silanisation car elle influe sur la structure stérique des chaînes de silanes. L'équipe de Brzoska a démontré l'existence d'une température de transition nommée T_c qui influence le procédé de silanisation [Brz94]. Dans cette étude, les auteurs ont étudié l'influence de la température durant le procédé de silanisation pour des alkyltrichlorosilanes de différentes longueurs. Les tensions de surface critique Θ_c de substrats de silice silanisés ont été calculées à partir de mesures des angles de contact : ces résultats ont permis de déterminer une température de transition T_c pour des silanes dont la chaîne varie entre 8 et 22 carbones. Ainsi, cette température varie de 0°C pour un organosilane C_8 à 38°C pour un organosilane C_{22}. En dessous de T_c, les chaînes alkyles des silanes greffées sont beaucoup plus ordonnées et également plus denses que celles obtenues au-dessus de T_c.

I.2.3.3.2.b-Influence de l'humidité

Le rôle de d'humidité a aussi été identifié comme un paramètre réactionnel important lors la silanisation d'organosilanes. Il n'existe pas de consensus général sur le rôle de l'eau dans la réaction de silanisation. En règle générale, l'étape d'hydrolyse est l'étape la plus lente du procédé car la condensation se produit immédiatement après la formation des groupements Si–OH **[Noll68]**. Mais Tripp et Hair, dans leur étude infrarouge sur la réaction des alkylchlorosilanes greffés sur de la silice, ont montré que l'étape d'hydrolyse était réalisée plus rapidement que la condensation des silanols **[Trip92]**. Le mécanisme montre qu'une couche d'eau est nécessaire pour que la réaction ait lieu (**Figure III. 3**). Tripp et Hair l'ont confirmé en mettant en évidence qu'en absence d'eau aucune réaction ne se produit entre l'octadecyltrichlorosilane et une surface de silice **[Trip95]**. Ils ont également souligné que lors de la réaction entre l'octadecyltrichlorosilane, solubilisé dans le CCl_4, et des surfaces de silice, une couche d'eau d'épaisseur supérieure à une molécule doit être présente sur la silice pour que la réaction ait lieu correctement. La quantité d'eau présente à la surface joue ainsi un rôle non négligeable : si seulement une monocouche d'eau est présente sur la surface de la silice, l'adsorption de l'octadécyltrichlorosilane est très mauvaise parce que le trisilanol formé n'est pas adsorbé par la surface et reste donc en solution dans le CCl_4. Par contre, lors de la même silanisation avec le trichlorométhylsilane, l'organosilane est rapidement hydrolysé, quelle que soit la quantité d'eau adsorbée sur la silice puis condensé.

Wassermann a étudié le temps nécessaire à l'obtention d'un greffage complet du silane sur une surface **[Was89]**. Quand la silanisation est préparée dans une atmosphère sèche, par immersion, l'obtention d'une couche complète de silane sur le substrat était obtenue au bout de 5 heures alors qu'en travaillant sous 30% d'humidité cette même couche est obtenue au bout d'une heure seulement. Cette différence de vitesse est, d'après ces travaux, principalement dû à la quantité d'eau adsorbée sur les surfaces.

I.2.3.3.2.c- Influence du solvant

Dans le cas de la réaction de silanisation, le solvant doit avoir un pouvoir de solubilisation des organosilanes suffisamment important pour permettre une production importante de silanols mais aussi une solubilisation limitée de manière à permettre la formation d'îlots de greffage à la surface du silicium et de permettre ainsi la croissance de la monocouche de silane.

Dans les travaux de Sagiv, le rôle de solvant carbone tétrachlorure dans l'amélioration du rendement de réaction de l'octoadecylsiloxane (ODS) a été identifié **[Saj80]**, un résultat confirmé par d'autres auteurs **[Gun86] [Kal92]**. Un solvant ayant un caractère anhydre important (par exemple le chloroforme) favorise la formation d'une monocouche ordonnée et empêche la polymérisation de l'organosilane. La polarité du solvant solubilise les têtes polaires de l'organosilane (Si-Cl_3) et empêche la formation de micelle de silane **[Brz94]**.

La qualité de la monocouche formée dépend aussi du choix du solvant. Par exemple l'utilisation de toluène ou de benzène solubilisé dans une quantité optimale d'eau permet une polymérisation de surface de bonne qualité et le greffage de monocouches d'organosilanes.

La dissolution du silane peut être faite dans une solution de type alcool (éthanol, méthanol ou isopropanol) [Wit93]. Le caractère polaire du groupement hydroxyle permet une bonne solubilisation de l'organosilane.

L'influence de la longueur de la chaîne carbonée du solvant a été identifiée [Gov94]. Une longue chaîne d'hydrocarbures a un effet positif sur le rendement de silanisation car elle réduit les interactions répulsives entre les chaînes alkyls et favorise les interactions thermodynamiquement favorables.

I.2.3.3.2.d- Influence de la durée de silanisation

Un des paramètres influençant le rendement de silanisation est le temps de réaction [Wan03] [Liu01]. Le mécanisme implique qu'il y ait une étape d'accrochage de l'organosilane suivie d'une étape de propagation du greffage de l'organosilane (**Figure III. 3**). Ainsi dès les dix premières minutes de la réaction de silanisation, l'organosilane s'accroche à la surface du substrat et forme des îlots de silane. Pour David W Britt, pour une surface silanisée avec de l'octodecalyltrichlorosilane, des îlots de silane se forment dès 300s de réaction [Bri96]. Pour Alex G Lambert, la propagation des ces îlots se produit sur plusieurs heures et permet d'obtenir un recouvrement complet de la surface au bout de 24h [Lam01].

II- Fonctionnalisation chimique de surface en vue d'un greffage biologique

L'objectif ici est de greffer à la surface de substrats de silicium un composé organique afin d'établir des liaisons covalentes entre la surface et des protéines. Les protéines contenant majoritairement des liaisons amines, nous avons fait le choix de créer des fonctions acides carboxyliques à la surface de substrat de silicium pour interagir avec les fonctions amines. Nous allons ainsi présenter une étude complète de fonctionnalisation réalisée avec du 7-octenyltrichlorosilane sur une surface de silicium oxydé. Deux conditions de greffage sont étudiées : une fonctionnalisation sur des surfaces planes de relativement grande dimension (''pleine plaque'') et une fonctionnalisation dans un canal sous flux fluidique.

II.1-Présentation du mécanisme réactionnel de fonctionnalisation de surfaces de silicium

II.1.1- Procédé de silanisation utilisant le 7-octenyltrichlorosilane

Nous avons choisis de silaniser les surfaces avec un alkylsilane [Rus07]. Notre choix s'est porté sur le composé 7-octenyltrichlorosilane (**Figure III. 4**) [Sav80], un silane trifonctionnel très réactif et donc très favorable à la réaction de greffage avec les groupements hydroxyles présents sur le substrat de silicium. Sa structure chimique peut conduire à un risque de polymérisation en surface du à la forte réactivité du silane. Le phénomène de polymérisation est particulièrement favorisé par la présence d'eau. Pour obtenir des monocouches d'organosilanes, il est donc nécessaire d'avoir une atmosphère anhydre tout au long du processus de silanisation [Ulm96].

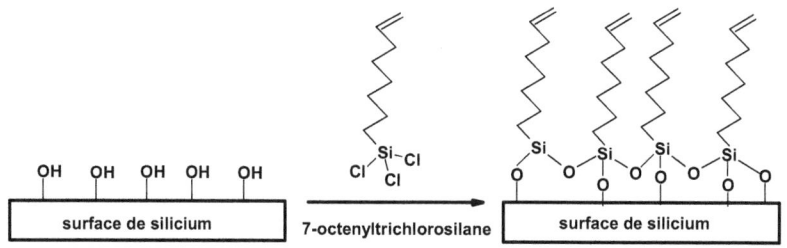

Figure III. 4: Schéma de la réaction de silanisation sur un substrat de silicium oxydé

II.1.2- Développement de fonctions carboxyliques par oxydation

Afin d'obtenir des fonctions carboxyliques sur des surfaces de silicium silanisées, nous devons réaliser une réaction d'oxydation de la liaison terminale du 7-octenyltrichlorosilane greffé. Dans notre cas, la fonction vinylique (C=C) interagit avec un mélange oxydant pour obtenir des fonctions acides carboxyliques (-COOH) **(Figure III. 5)**.

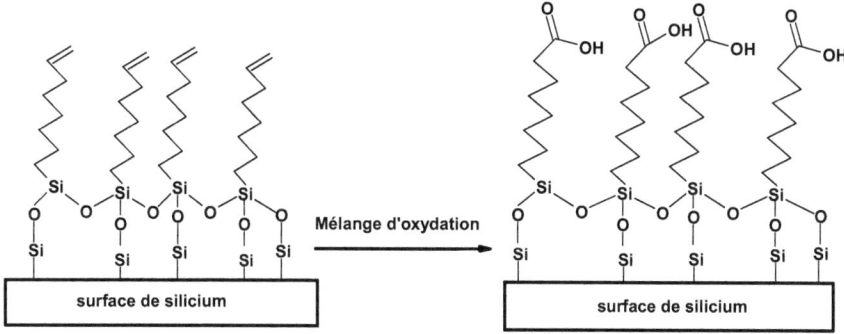

Figure III. 5: Schéma de la réaction d'oxydation de la double liaison du 7-octenyltrichlorosilane greffé sur un substrat de silicium

Le mélange oxydant est composé de permanganate de potassium ($KMnO_4$) et métapériodate de sodium ($NaIO_4$). Le mécanisme réactionnel est détaillé dans la **Figure III. 6**.

Ces composés utilisés permettent de cliver la double liaison et conduisent à la formation de deux fonctions alcools sur les atomes de carbone sp2, qui se transforment en composé carbonylé. En effet, dans une solution aqueuse, le composé réagit avec l'alcène suivant une réaction de cis-addition. Le mécanisme réactionnel induit la formation d'un intermédiaire cyclique résultant du couplage de l'ion MnO_4^- à la liaison vinylique. Le milieu aqueux permet une hydratation de l'intermédiaire réactionnel qui se traduit par la formation d'un composé bis alcoolique. Le métapériodate de sodium réagit avec le composé diol qui conduit à la formation d'un intermédiaire cyclique. La déshydratation de ce composé conduit à la synthèse de composés carbonylés. Compte tenu de la structure chimique de l'organosilane, les composés obtenus sont des aldéhydes. L'oxydation des aldéhydes passe par l'addition d'un ion hydroxyle aux groupements carbonylés. Les produits formés peuvent être protons ou oxydés par le KMnO$_4$ présent en excès dans le milieu réactionnel. La réaction conduit alors à la formation d'acides carboxyliques.

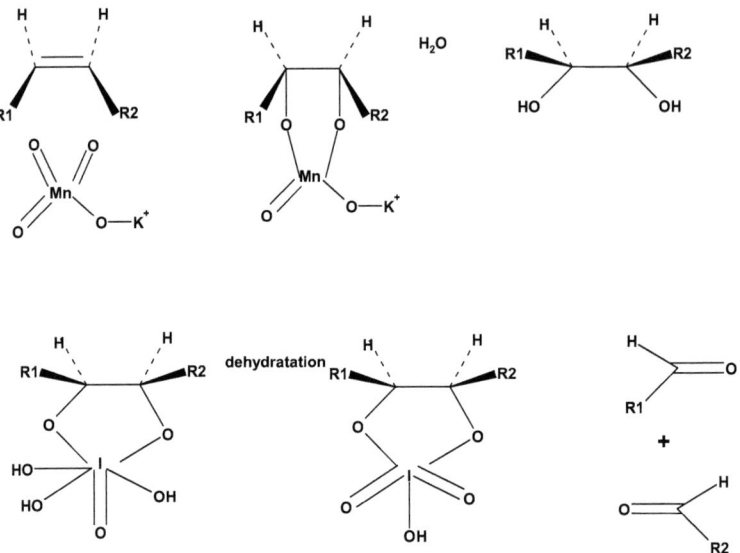

Figure III. 6: Mécanisme reactionnel de l'oxydation d'un alcène avec un composé de permanganate de potassium et métapériodate de sodium en milieu aqueux

II.2- Description du dispositif expérimental de fonctionnalisation

II.2.1- Dispositif de fonctionnalisation sur pleine plaque

La solution de silanisation est préparée à partir du 7-octenyltrichlorosilane et d'un solvant organique anhydre avec un rapport volumique de 1:600 à température ambiante [Sav80] (**Figure III. 7**). Afin d'éviter l'hydrolyse des liaisons Si-Cl de l'organosilane par l'humidité de l'air ambiant [Ulm96], la solution est préparée dans une boîte à gants sous flux d'azote dans laquelle le taux d'humidité est inférieur à ≤ 10%. Après silanisation, l'échantillon est rincé en utilisant le solvant de silanisation.

Pour la suite, la monocouche de silane est oxydée afin d'obtenir des groupements acides carboxyliques terminaux qui viendront interagir avec les groupements amines présents sur les anticorps **(Figure III. 7)**. La solution d'oxydation contient du permanganate de potassium ($KMnO_4$) (0.0079g soit 0.5mmol), du carbonate de potassium (K_2CO_3) (0.0248g soit 1.8mmol), du métapériodate de sodium ($NaIO_4$) (0.417g) dans 100ml d'eau déionisée **[Was89]**. Les échantillons sont immergés et maintenus sous agitation dans la solution oxydante. Les échantillons sont ensuite rincés par une solution de $NaHSO_3$ (0.3M), pour éliminer la solution oxydante, de l'eau et du HCl (0.1M) pour neutraliser les résidus basiques de $NaHSO_3$, et de l'eau. Un dernier lavage à l'éthanol permet d'éliminer les éventuelles contaminations de carbone. Les échantillons sont ensuite conservés dans des boites de pétri sans aucune précaution particulière.

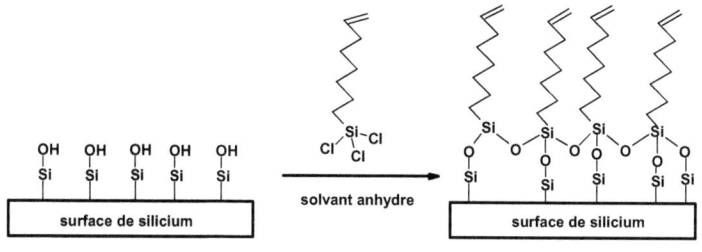

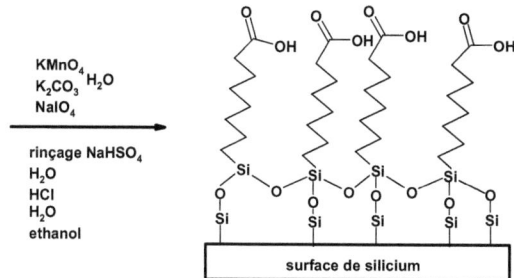

Figure III. 7: Schéma de la réaction de silanisation et d'oxydation d'un substrat

II.2.2-Dispositif de fonctionnalisation d'un canal fluidique sous flux

Une des étapes de préparation d'un biocapteur de type laboratoire sur puce est la fonctionnalisation chimique sous flux. Par conséquent, une étude de fonctionnalisation chimique a été effectuée dans une puce test constituée d'un canal en silicium test d'une largeur de 1mm (permettant d'analyser aisément la surface du canal et d'une longueur de 3cm doté de réservoirs d'un diamètre de 2mm, recouvert d'un couvercle en PDMS. Les étapes de fabrication du monocanal sont décrites dans le **Chapitre V** en **section I.3.3**. Les solutions de silanisation et d'oxydation ainsi que les solutions de rinçage sont introduites à l'aide d'un pousse-seringue Razel modèle R-99E dans le dispositif fluidique en circuit ouvert **(Figure III. 8)**. Le dispositif expérimental permet la régulation de la température grâce à un module à effet Peltier relié à un conditionneur de température et à un ventilateur permettant d'évacuer la chaleur extraite par le module **(Figure III. 9)**. En fin de réaction, le contrôle de l'élimination de l'organosilane non greffé par mesure du pH de la solution de silanisation à la sortie du canal est effectué par mesure de pH (>5).

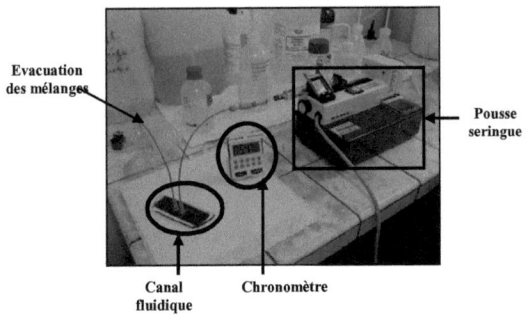

Figure III. 8: Dispositif de silanisation sous flux d'un canal fluidique

Figure III. 9: a) un canal fluidique monté sur un module Peltier avec refroidissement, b) le régulateur de température

II.3- Caractérisations physico-chimiques sur pleines plaques fonctionnalisées

II.3.1- Analyses physico-chimique de surface

La réaction de silanisation à température ambiante, mettant en jeu le 7-octenyltrichlorosilane solubilisé au chloroforme, a été étudiée sur des substrats de silicium (100) présentant une couche native d'oxyde (2nm) et des substrats de silice obtenue par oxydation thermique (100nm) de substrats de silicium (100). Sous un taux d'humidité contrôlé **[Ulm96]**, les substrats ont été silanisés durant 24h **[Lam01]** et mis dans une solution oxydante pour une durée supérieure à 12h **[Was89]**.

II.3.1.1- Analyse par angle de contact

Afin de confirmer la modification chimique des surfaces des substrats de silicium et de silice, des mesures des angles de contact sont réalisées aux différents stades du greffage (**Tableau III.** 1). La mesure de l'angle de contact est réalisée à l'aide du goniomètre OCA20 Datapysics Instruments® en utilisant la méthode dite 'Sessile Drop' et le modèle Laplace-Young (**Annexe C**). Toutes les analyses d'angle de contact ont été réalisées immédiatement après la fin des réactions. Le fluide d'analyse est de l'eau déionisée, la taille de goutte était fixée à 5μL et la vitesse de formation à 1μL/s. La mesure de l'angle a été effectuée juste après le dépôt de la goutte sur la surface.

Le silicium non traité, sur lequel est formée une fine couche de silice native, présente un caractère hydrophile avec un angle de contact inférieur à 45°. La valeur de l'angle de contact de la silice, démontre que la surface est légèrement hydrophile. Après la réaction de silanisation, l'angle de contact est de 93° pour le substrat de silicium et de 89° pour le substrat de silice.

Après la réaction d'oxydation, les angles de contact pour la silice comme pour le silicium, diminuent fortement car des groupements acides carboxyliques sont formés sur chaque liaison terminale de l'organosilane. Les valeurs d'angle de contact sont de 67° pour le silicium et 69° pour la silice.

Ces résultats sont cohérents avec le procédé de greffage attendu puisque les chaînes alkyles ainsi que les doubles liaisons terminales de l'organosilane sont beaucoup plus hydrophobes que les surfaces des substrats initiaux riches en groupements hydroxyles [**Cai06**] [**Fau04**] [**Mit93**] : ils suggèrent qu'il y a bien le greffage de silane à la surface des échantillons. La différence entre les deux valeurs d'angle de contact des deux surfaces est simplement dû à la nature chimique des matériaux initiaux: la concentration en groupements hydroxyles est différente entre une silice native présente sur le substrat de silicium et une silice thermique. En effet, la densité des groupements hydroxyles est différente à la surface des deux matériaux, ce qui implique probablement un greffage différent. De plus, les valeurs de l'angle de contact après la réaction d'oxydation, sont en parfait accord avec la présence de fonctions acides carboxyliques [**Cai06**].

Echantillon	Angle de contact de l'eau (°)
Si non traité	<45
Si silanisé	93
Si silanisé et oxydé	67
SiO_2 non traité	<60
SiO_2 silanisé	89
SiO_2 silanisé et oxydé	69

Tableau III. 1: Mesures des angles de contacts de l'eau pour des substrats de silicium et de silice à chaque stade du greffage

II.3.1.2- Analyse par spectroscopie infrarouge

Afin de confirmer le greffage de l'organosilane, des analyses de spectroscopie IR ont été réalisées sur des échantillons de silicium à différentes étapes de fonctionnalisation (**Figure III. 10**). L'acquisition des spectres a été réalisée sur un spectromètre Varian 670 IR® utilisant une source MCT refroidit à l'azote liquide et une séparatrice KBr couplée à un microscope 620 optique/IR. La mesure a été réalisée en angle rasant.

Il est possible d'identifier un certain nombre de pics caractéristiques après silanisation : une double bande intense à 1030cm^{-1} et 1180cm^{-1}, une bande large et peu intense centrée entre 1400 et 1600cm^{-1} ainsi qu'une bande fine et intense, très bruitée, à 3745cm^{-1}.

La double bande à 1030 et 1180cm^{-1} est caractéristique de la liaison Si–O–Si [**Zou08**] : la bande pic à 1030cm^{-1} est dû à la déformation de la liaison Si–O–Si tandis que le pic à 1180cm^{-1} est dû à son élongation. Par ailleurs, nous observons une augmentation de l'intensité de cette bande dans le substrat de silice après la silanisation par rapport à celui de référence : il est fort probable que cette augmentation est dûe au greffage de l'organosilane. La bande à 3475cm^{-1} est caractéristique de l'élongation des liaisons Si–OH. Son intensité diminue après silanisation car les groupements Si–OH sont remplacés par des groupements Si–O–Si. Cette bande est large après oxydation : cela signifie qu'il existe des fonctions –OH libres qui peuvent vibrer à partir de la fonction –COOH.

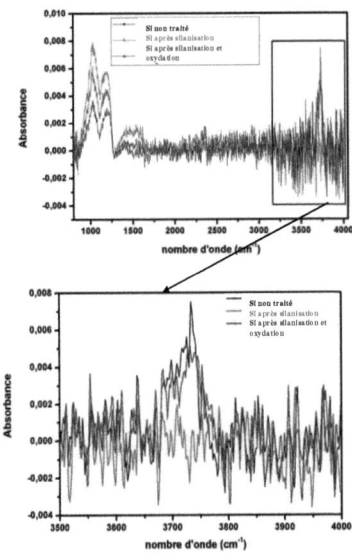

Figure III. 10 : Spectres FTIR en angle rasant de substrats de silicium non traité, silanisé, et silanisé puis oxydé

II.3.1.3- Analyse élémentaire par spectroscopie par photoémission à rayon X

Une étude fine par spectroscopie par photoémission à rayon X (XPS) a été aussi effectuée sur les échantillons pour chacune des étapes de greffage afin de permettre une quantification du rendement de la fonctionnalisation de surface (**Annexe E**). Les mesures XPS sont réalisées avec une modèle ThermoElectron Theta-Probe® à une pression de 5.10^{-10}Torr utilisant une source monochromatique de photons X AlKα (1486.5eV), au Centre d'Etude et de Formation en Spectroscopie Electronique de Surface de la faculté des Sciences de Versailles-Saint Quentin en Yvelines par l'équipe du Pr Arnaud Etcheberry. La taille du spot est de 400μm et le détecteur est placé perpendiculairement à la surface. La taille du pas de mesure est de 1eV pour les spectres Survey et de 0.1eV pour les spectres haute résolution. L'analyse des données est réalisée en utilisant le logiciel commercial ThermoFisher Avantage®.

L'identification des éléments chimique présents à la surface des échantillons est possible grâce au spectre Survey (**Figure III. 11 a et b**). Le spectre Survey est un spectre général donnant des informations qualitative et quantitative sur les éléments présents à la surface d'un échantillon.

Sur le spectre Survey du substrat de silicium non traité, les éléments chimique silicium, oxygène, carbone sont présents (**Figure III. 11 a**). Le silicium présente un double pic du Si2p à 100eV et du Si2s à 151eV. L'oxygène est identifié par le pic O1s à 533eV, le pic Auger-KL1 à 979eV, le pic Auger-KL2 à 1001eV et le pic KL3 à 1017eV. Enfin l'élément carbone est révélé par le pic C1s à 286eV. Il existe également des plasmons liés au silicium correspondant à des pics à 116, 132, 167, 183 et 197eV. De plus, l'oxygène possède un plasmon à 556eV.
Sur le spectre Survey de la silice, les éléments de silicium, d'oxygène, de carbone sont également présents (**Figure III. 11 b**). Il existe un double de pic du silicium correspondant au Si2p à 104eV et du Si2s à 155eV. L'oxygène est caractérisé par le pic O1s à 534eV et le pic Auger-KL1 à 980eV. De plus, le pic carbone C1s est visible à 286eV. Il existe un plasmon lié au silicium et un plasmon lié à l'oxygène qui se situent respectivement à 122.2eV et 554eV.
Le dédoublement du pic Si2p, caractéristique de l'oxyde de silicium justifie la présence de la couche d'oxyde native (2nm d'épaisseur) présente sur le substrat de silicium référence. En effet, les électrons excités sur le silicium peuvent correspondre, du fait de leur libre parcours moyen d'environ 10nm, à des atomes du silicium de l'oxyde de surface ou à des atomes du silicium du cœur du substrat. Il est intéressant de remarquer qu'il existe une contamination de ces références par des atomes de carbone résiduels mais cette contamination reste de faible teneur (inférieure à 6%).

Le calcul de l'aire de la surface relative occupée par chaque pic d'un élément chimique sur le Survey permet d'estimer le pourcentage atomique de présence de cet élément sur l'échantillon analysé. L'évolution du rapport entre le pourcentage de présence du carbone et celui du silicium (C/Si) permet d'évaluer le rendement de greffage des silanes sur les différents substrats utilisés. En effet, ce rapport ne peut qu'augmenter après une réaction de silanisation en partant d'un substrat de silicium dépourvu théoriquement de carbone.

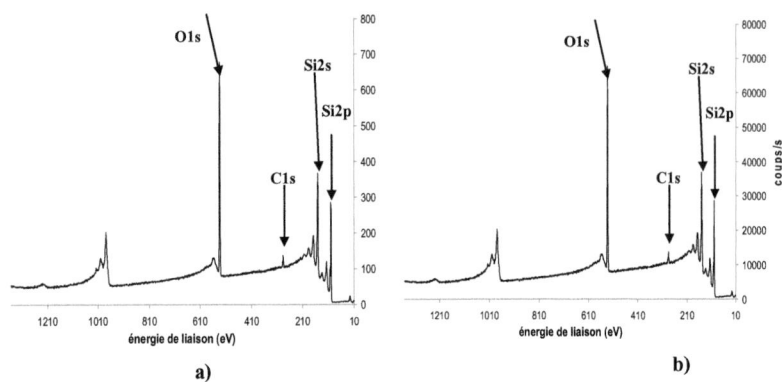

Figure III. 11: Spectres XPS a) d'un substrat de silicium non traité et b) de silice

Les compositions chimiques et les rapports C/Si aux différentes étapes de la fonctionnalisation de surface sur des substrats de silicium et de silice sont présentés dans le **Tableau III. 2**. Par ailleurs, les spectres Survey des surfaces silanisées sont présentés dans la **Figure III. 12 a et b**. Après silanisation, les spectres Survey des surfaces silanisées montre une augmentation de l'intensité du pic C1s par rapport à l'intensité du pic Si2p pour les substrats de silicium **(Figure III. 12 a)** et de silice **(Figure III. 12 b)**.
Pour l'échantillon de silicium non traité le rapport C/Si varie de 0.11 à 0.51 après silanisation **(Tableau III. 2)**. De plus, la teneur en carbone passe de 5.8% à 21.5%.
Pour l'échantillon de silice, le rapport C/Si varie de 0.09 à 0.54 après cette même étape et la teneur en carbone est passée de 3% à 16% **(Tableau III. 2)**.
Quelque soit le substrat, la chaîne carbonée de l'organosilane atténue la réponse du silicium et augmente celle du carbone ce qui confirme le greffage de l'organosilane sur les deux surfaces.
Nous notons néanmoins une différence de comportement des deux matériaux face à la réaction de silanisation. La variation du taux de carbone est plus importante lorsque le substrat utilisé est le silicium non traité.

échantillon	composition chimique de surface (%atomique)				
	Si	C	O	F	C/Si
Si non traité	53.7	5.8	40.5	_	0.11
Si silanisé	42.4	21.5	31.4	4.7	0.51
Si silanisé et oxydé	42.2	17.2	36.3	4.3	0.41
SiO$_2$ non traité	32.4	2.9	64.7	_	0.09
SiO$_2$ silanisé	29.4	15.8	52.1	2.7	0.54
SiO$_2$ silanisé et oxydé	29.2	14.1	54.5	2.2	0.48

Tableau III. 2: Composition chimique et rapports C/Si pour greffage de substrats de silicium et de silice

Les spectres Survey des surfaces silanisées et oxydées sont présentés dans la **Figure III. 13 a** et la **Figure III. 13 b**.

Après silanisation et oxydation, le spectre Survey d'une surface de silicium présente peu de différences avec le spectre d'une surface uniquement silanisée (**Figure III. 13 a**). Une surface de silicium silanisée et oxydée a un rapport C/Si égal à 0.41 (**Tableau III. 2**). De plus, le pourcentage atomique de silicium est constant par rapport à la valeur obtenue lors de l'étape de silanisation : 42.4% après silanisation et 42.2 % après silanisation et oxydation. Enfin le taux d'oxygène augmente de 4% entre l'étape de silanisation et d'oxydation.

Pour une surface de silice silanisée et oxydée, le rapport C/Si est égal à 0.48 (**Tableau III. 2**). De plus, le spectre Survey a une allure identique à celui d'une surface de silice silanisée (**Figure III. 13 b**). Le pourcentage atomique de silicium reste constant : 29.4% après silanisation et 29.2 % après silanisation et oxydation. Le taux d'oxygène augmente de 2% après oxydation.

Compte tenu de ces résultats, nous pouvons retenir qu'après oxydation, le rapport C/Si diminue légèrement par rapport aux surfaces silanisées mais peut être considéré comme équivalent en première approximation. Le résultat était prévisible car la réaction d'oxydation n'introduit pas d'autres carbones supplémentaires sur la surface : l'oxydation de la liaison vinylique C=C de l'organosilane en liaison acide carboxylique COOH induit la perte d'un carbone [Sch04] [Dug03]. La stabilité du pourcentage atomique du silicium montre bien qu'il n'y a pas eu de décrochage de l'organosilane après oxydation. L'augmentation du taux d'oxygène peut être expliquée par la présence de fonctions COOH.

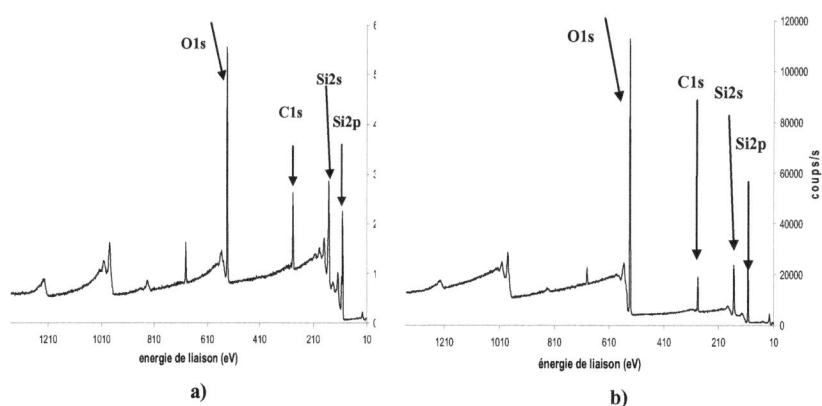

Figure III. 12: Spectres XPS de substrats silanisés 24h a) de silicium et b) de silice

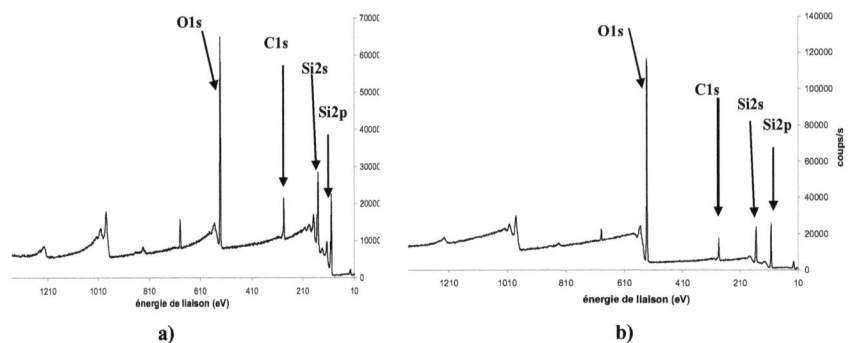

Figure III. 13: Spectres XPS de substrats silanisés 24h et oxydés 12h a) de silicium et de b) silice

Pour mieux définir les liaisons chimiques mises en jeu lors des réactions de silanisation et d'oxydation, des analyses plus fines ont été effectuées. En effet, lors d'une analyse XPS, chaque pic correspond à la somme de chacune des contributions chimiques d'un élément présent à la surface de l'échantillon. Ainsi, une modification de l'environnement chimique d'un élément implique une modification de sa structure électronique et donne donc lieu à une réponse spectroscopique différente.

Des spectres haute résolution du pic C1s sont présentés pour des échantillons de silicium **(Figure III. 14 a)** et de silice **(Figure III. 14 b)**. En premier lieu, nous remarquons que l'intensité du pic du carbone présent sur les substrats de silicium non traité et de silice est très faible, ce qui confirme le faible taux de carbone de contamination observé sur les spectres du Survey **(Figure III. 14 a et Figure III. 14 b)**. De plus, quelque soit le substrat utilisé, le pic du carbone devient très intense après le greffage de l'organosilane à la surface des substrats car la silanisation correspond à un ajout d'une chaîne de 8 atomes de carbone de l'organosilane.

Sur le spectre C1s de la silice avant silanisation **(Figure III. 14b)**, nous constatons un décalage du pic C1s visible vers les hautes énergies. Il est dû probablement à un effet de charge à cause du caractère isolant de la silice. Il existe également une dissymétrie du pic du carbone vers les hautes énergies du à la liaison C=C présente en bout de chaîne de l'organosilane **[Cai06]**. Après l'oxydation, l'allure du pic a grandement évolué. La dissymétrie s'est accentuée à cause de la contribution de la liaison acide -CO_2H. De plus, un nouveau pic à 289.9eV, caractéristique du groupement acide carboxylique O=C–OH est apparu, confirmant la réaction d'oxydation de la liaison vinylique **[Was89]**.

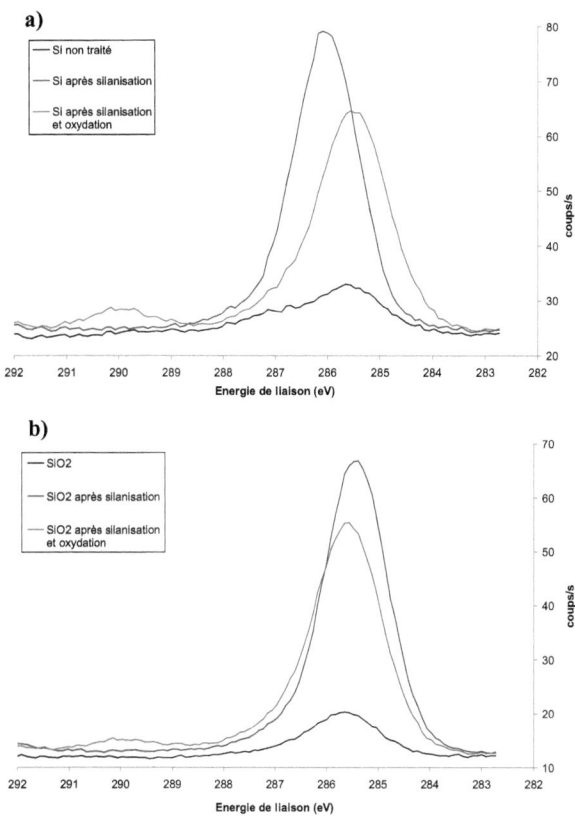

Figure III. 14 : Spectres XPS a) du silicium non traité et b) de silice, centrés sur le pic C1s pour les 3 stades de greffage

Sur le spectre du C1s du substrat de silicium avant silanisation **(Figure III. 14 a)**, il n'existe pas d'effet de charge. Cela signifie donc que la couche d'oxyde native présente à la surface de l'échantillon présente un caractère oxydant faible. Après silanisation, un effet de charge est présent de nouveau lié probablement à la présence de liaisons $Si_{substrat}$-O-$Si_{organosilane}$ issues du greffage de l'organosilane. Apres la réaction d'oxydation, le phénomène disparait. La présence de la liaison acide (–COOH) peut probablement masquer l'effet isolant des liaisons $Si_{substrat}$-O-$Si_{organosilane}$.

D'un autre coté, en comparant les deux matériaux, nous remarquons que la composante à 289.9eV, correspondant à la fonction –COOH est plus visible lors d'un greffage avec un substrat de silicium. En effet, l'aire de cette composante représente 12% de l'aire totale du pic C1s pour l'échantillon de silicium et seulement 8% pour l'échantillon de silice.

En conclusion, l'étude de silanisation menée sur les deux substrats de silicium et de silice nous permet de limiter la suite de l'étude désormais au substrat de silicium. En effet, le rendement de greffage est un plus important pour un substrat de silicium. De plus, la surface qui sera utilisée dans le dispositif micro-vibrant que nous désirons réaliser pour la détection d'entités biologiques est typiquement du silicium.

Pour mieux analyser les résultats de la réaction d'oxydation, nous avons réalisé la déconvolution de spectre haute résolution. En effet, le pic d'un élément correspond à la somme des contributions de toutes les liaisons chimiques autour de cet élément. En terme mathématique, le pic de modélisation est la somme de produit de convolution de fonctions élémentaires correspondant à chacune des liaisons mises en jeu. L'opération permettant de séparer les fonctions élémentaires contenues dans le pic est la déconvolution.

Ainsi, la déconvolution du pic C1s du carbone lié à un substrat de silicium non traité silanisé et oxydé a été effectuée **(Figure III. 15)**. Cinq composantes ont été identifiées, centrées à 284.8, 285.4, 286.0, 286.8 et 289.9eV respectivement assignées aux liaisons Si–C, C–C, C–OH, C=O et O=C–OH. Cette déconvolution nous renseigne sur la réaction d'oxydation : les bandes caractéristiques des liaisons C-OH et C=O montrent que le groupement carboxyle n'est pas l'unique produit d'oxydation et que par conséquent il existe d'autres produits secondaires. Compte tenu du mécanisme de la réaction d'oxydation, nous pouvons supposer qu'il y a des composés aldéhydes à la surface de l'échantillon.

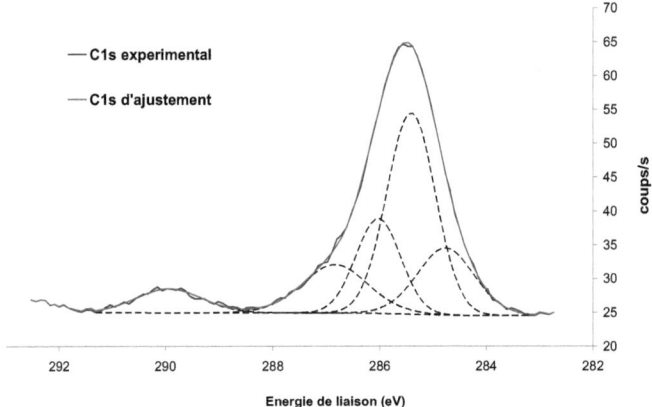

Figure III. 15: Spectre haute résolution centré sur le pic du C1s après déconvolution d'un substrat de silicium non traité silanisé 24h et oxydé 12h

La déconvolution de l'élément Si a également été entreprise sur un spectre effectué sur un substrat de silicium après silanisation 24h et oxydation 12h **(Figure III. 16)**.
Le spectre haute résolution Si2p présente deux pics : un pic principal à 100eV et un pic secondaire 103.5eV correspondant respectivement au Si2p de la composante de cœur du substrat et la composante oxydée du silicium **[Kim06]**. La hauteur relative du pic à 103.5eV est en accord avec une couche d'oxyde de silicium amorphe d'une épaisseur d'environ 2nm **[Kim06]**.

La déconvolution a permis d'isoler cinq composantes. Elle montre l'existence de différents degrés d'oxydation du silicium. La composante à 99.5eV correspond à un silicium à degré d'oxydation 0, qui est la signature de silicium du substrat. La composante à 99.8eV correspond à un silicium légèrement oxydé [**Him88**]. De plus, la contribution supplémentaire 100eV est probablement dûe à la liaison Si-C [**Aur09**]. Concernant les deux contributions entre 102 et 105eV, elles correspondent à des liaisons Si-OH et Si-O-Si. En effet, nous avons deux composés Si-O de deux natures chimiques différentes à la surface du substrat de silicium. Le premier provient des sites vacants de types Si-OH, le second des liaisons $Si_{substrat}$-O-$Si_{organosilane}$ issues du greffage de l'organosilane.

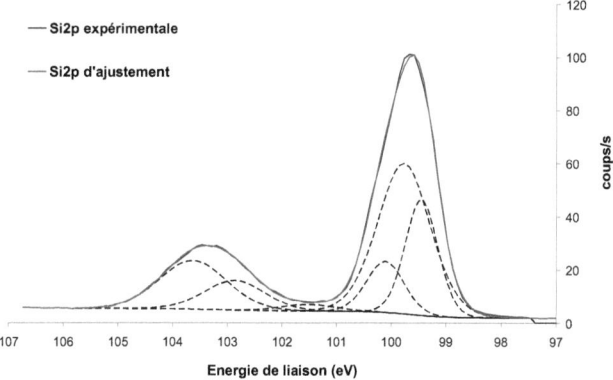

Figure III. 16: Spectre haute résolution centré sur le pic du Si2p après déconvolution d'un substrat de silicium silanisé 24h et oxydé 12h

II.3.1.4- Caractérisation morphologique par AFM

Une étude par microscopie à force atomique (AFM) a été aussi effectuée sur les échantillons pour chacune des étapes de greffage afin de caractériser l'homogénéité de la fonctionnalisation de surface [**Mul08**]. Les caractérisations AFM ont été réalisées en mode tapping avec une pointe standard en silicium dont le rayon de courbure est inférieur à 10nm, une fenêtre d'acquisition de 10x10µm et un balayage d'une ligne/seconde à une fréquence de 324kHz. La mesure a été réalisée avec l'appareil de modèle Pico Plus de la marque Agilent®, à l'air ambiant à la Centrale Technologique Universitaire Institut d'Electronique Fondamentale. Les rugosités arithmétiques (Ra) et images topographiques de substrat de silicium non traité aux différentes étapes de la fonctionnalisation sont présentées par la **Figure III. 17** et le **Tableau III. 3**.

Echantillon	Rugosité moyenne Ra (nm)
Si non traité	0.07
Si silanisé	0.7
Si silanisé et oxydé	2.6

Tableau III. 3 : Valeurs de la rugosité de surface d'une surface de silicium, de silicium silanisé 24h et de silicium silanisé 24h et oxydé 12h

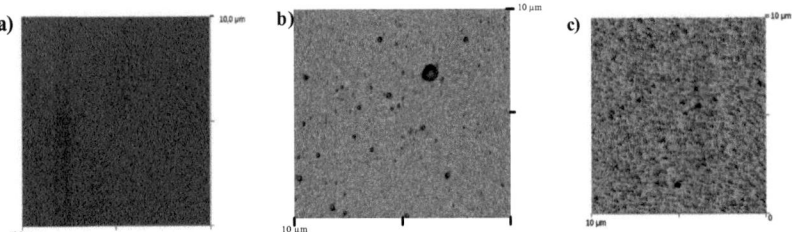

Figure III. 17: Images topographiques obtenues par AFM pour a) une surface de silicium, b) silanisée 24h, c) silanisée 24h et oxydée 12h

Les images topographiques montrent que les surfaces sont homogènes à chaque stade du greffage (**Figure III. 17**). La rugosité de la surface silanisée (0.7nm) est plus importante que celle de la surface de silicium non traité (**Tableau III. 3**). Après silanisation et oxydation, la valeur de la rugosité augmente (2.6nm). L'augmentation de la rugosité après fonctionnalisation reste tout de même limitée et caractéristique d'une surface homogène. En effet, elle confirme l'absence de polymérisation à la surface des échantillons de silicium. Par ailleurs, la rugosité évolue après oxydation, ce qui ne peut être expliqué par une modification de la structure chimique de la surface puisque la longueur de la chaîne greffée n'est pas censée changer après oxydation. Par contre, une explication serait la présence de produits d'oxydation secondaires déjà identifiés lors de la caractérisation par XPS (**Figure III. 15**).
Ces valeurs restent tout de même en accord avec celles obtenues par Faucheux, c'est-à-dire dans la même gamme de valeurs de rugosité pour des monocouches auto-assemblées avec fonctions carboxyliques [Fau04].

II.3.2- Optimisation de la durée de silanisation

Dans cette partie, la silanisation a été réalisée pendant 1h, 3h, 6h et 24h sur des surfaces de silicium selon le procédé décrit dans la **section II.2**. Afin de préserver les surfaces, les mesures d'angle de contact sont réalisées immédiatement après les lavages finaux au chloroforme, puis les échantillons ont été scellés dans des boites de pétri jusqu'au analyses XPS.

II.3.2.1- Analyse par angle de contact

Une étude de l'évolution de l'angle de contact en fonction du temps de silanisation a été menée (**Tableau III. 4**). Elles tendent très rapidement vers un optimum. En effet, dès la première heure de silanisation, la valeur de l'angle augmente très fortement à 87° comparée à celle du silicium sans traitement (45°). Cette même valeur continue d'augmenter légèrement : 90° après 3h, 95° après 6h et 99° après 24h. Les valeurs des angles de contact montrent une tendance vers une surface hydrophobe initialement hydrophile. A ce stade il est possible d'émettre deux hypothèses : (i) la densité de greffage atteint presque son optimum après une heure de silanisation ou (ii) les molécules greffées contrôlent très rapidement la mouillabilité de la surface.

temps de silanisation (h)	Angle de contact de l'eau (°)
0	45
1	87
3	90
6	95
24	99

Tableau III. 4 : Variation de l'angle de contact de l'eau d'une surface de silicium silanisé au chloroforme en fonction du temps de réaction

II.3.2.2- Analyse élémentaire par spectroscopie par photoémission à rayon X

Pour quantifier la densité de greffage de la surface en fonction du temps, des analyses XPS ont été entreprises (**Figure III. 18** et **Figure III. 19**). Une étude de l'évolution du taux de carbone et de silicium en fonction du temps de silanisation a été effectuée (**Tableau III. 5**). Les conditions d'acquisition sont identiques à celles présentées dans la **section II.3.1**.

Les spectres de la composante C1s montrent une évolution vers une occupation progressive des sites d'adsorption présents sur les surfaces, ici les groupements hydroxyles, en fonction de la durée de greffage (**Figure III. 18**). En effet, nous constatons que la hauteur du pic du C1s augmente avec le temps, ce qui est aussi confirmé par la croissance du taux de carbone (**Tableau III. 5**). L'observation des spectres obtenus montre que l'allure des pics est indépendante du temps de silanisation. Nous pouvons conclure que les chaînes greffées à la surface des échantillons sont probablement de même nature chimique.

Les spectres focalisés sur le silicium (Si2p) montrent que la composante du cœur située à 100eV diminue en fonction du temps de silanisation (**Figure III. 19**). En effet, le greffage du silane apporte une épaisseur d'environ 2nm sur les surfaces et augmente donc le libre parcours moyen des électrons éjectés, ce qui rend difficile leur détection lors de la mesure XPS (**Figure III. 20**).

Sur le graphe normalisé (**Figure III. 19**), un décalage entre le spectre du silicium et les spectres des échantillons silanisés est visible. L'analyse des surfaces silanisées montre un déplacement vers les hautes énergies, probablement dû à un effet de charge de la surface.

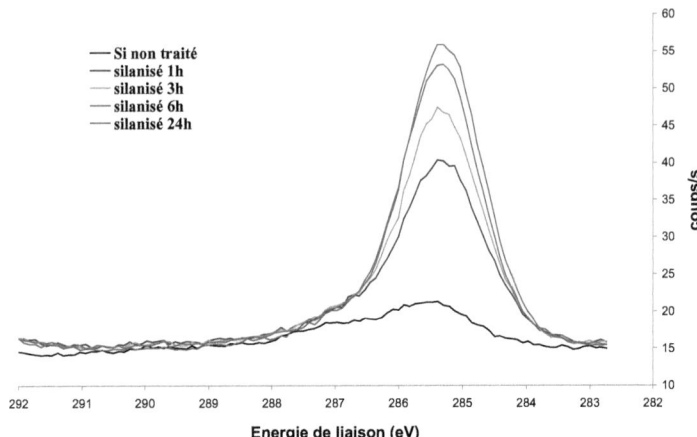

Figure III. 18 : Spectres XPS de substrat de silicium, silanisés au chloroforme pendant 1, 3, 6 et 24h centrés sur la composante C1s

Une augmentation du rapport atomique C/Si au cours de la réaction est observée **(Tableau III.5)**. Elle indique qu'il y a greffage de l'alkylsilane. De plus, une augmentation du taux de carbone est observée ainsi que la diminution du taux de silicium. Cette constatation nous renseigne sur la densité du greffage de l'organosilane et permet d'affirmer que la surface de l'échantillon de silicium se sature progressivement. En effet, l'avancement de la réaction de greffage est important au bout d'une heure : le rapport atomique C/Si est égal à 0.39. A partir de 3h, l'évolution du greffage de l'organosilane devient limitée ce qui signifie que les sites d'adsorption commencent à être saturés de manière significative pour atteindre un optimum entre 6h et 24h.

temps de silanisation (heures)	% Si	% C	Rapport C/Si
0	52.93	7.17	0.14
1	45.02	17.55	0.39
3	41.34	20.45	0.49
6	38.56	25.38	0.66
24	38.04	26.47	0.70

Tableau III. 5 : Evolution du rapport C/Si en fonction du temps de silanisation au chloroforme de substrats de silicium

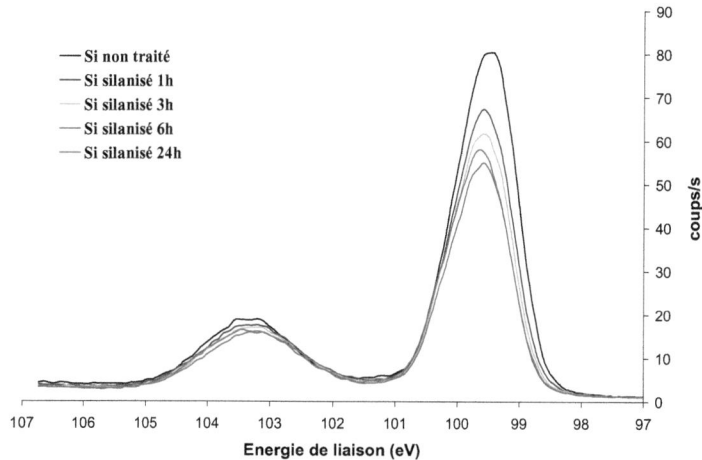

Figure III. 19 : Spectres XPS centrés sur la composante Si2p de substrat de silicium, silanisés au chloroforme pendant 1, 3, 6 et 24h

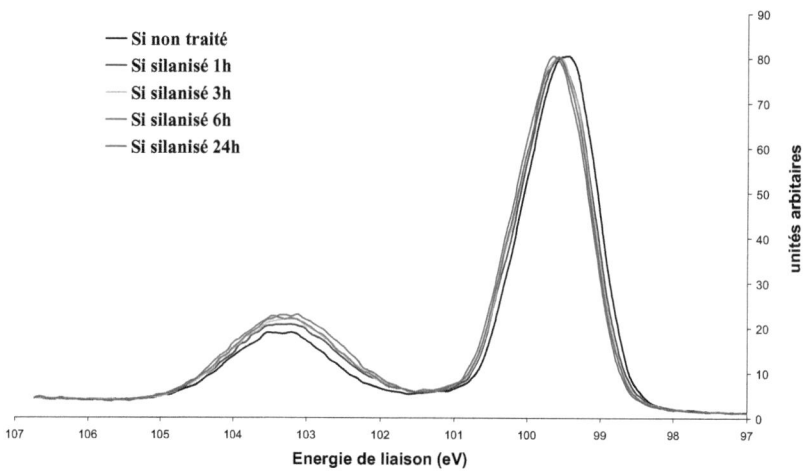

Figure III. 20 : spectres XPS normalisés centrés sur la composante Si2p de substrat de silicium, silanisés au chloroforme pendant 1, 3, 6 et 24h

II.3.3- Bilan de l'étude de silanisation sur les échantillons pleine plaque

Les caractérisations physico-chimiques réalisées dans cette partie indiquent clairement que les réactions de silanisation et d'oxydation ont bien eu lieu quelque soit la surface de greffage. L'analyse par mesure de l'angle de contact qui est une technique simple, rapide et totalement non destructive pour l'échantillon, nous a donné une indication fiable de la modification de surface des échantillons. L'infrarouge nous a livré les premières indications sur la nature des liaisons chimiques de surface, notamment l'existence d'une liaison Si_{coeur}–O–Si_{silane}. Elles ont été adaptées pour nous renseigner sur la composition chimique des surfaces. Les analyses nous ont permis d'identifier une différence de résultats entre les deux substrats testés. En effet, la silanisation et l'oxydation ont été démontrées avec une meilleure couverture pour le substrat de silicium. De plus, les analyses AFM ont démontré que l'organosilane a été greffé uniformément sur les surfaces de silicium.

Une étude de l'effet de la durée de la silanisation sur le rendement de greffage a été effectuée sur les surfaces de silicium. Les résultats XPS ont permis d'affirmer comme cela avait été entrevu dans l'étude concernant l'évolution de l'angle de contact que le temps optimum est de l'ordre de 6h. Par ailleurs, le greffage de l'organosilane est amorcé au bout d'une heure de silanisation, ce qui est en accord avec les valeurs de mouillabilité des surfaces montrant très rapidement (au bout d'une heure) un caractère hydrophobe.

II.4-Caractérisations physico-chimiques de canaux fluidiques fonctionnalisés

Dans cette étude la silanisation est effectué dans un canal fluidique utilisant le dispositif expérimental présenté **dans la section II.2.2**. Cette étude exploratoire est faite pour répondre à la problématique initiale de la thèse : une préparation biochimique de la surface dans les canaux intégrés dans une micro-poutre. Les solutions de silanisation et d'oxydation sont préparées dans les mêmes conditions de concentration que pour les surfaces planes. La solution de silanisation est ensuite introduite dans le dispositif fluidique en circuit ouvert avec un débit de 6 ml/h pendant 5h30, correspondant approximativement à la durée de silanisation optimisée dans la **section II.3.2**. Le mélange d'oxydation est introduit dans le canal avec un débit de 1.45mL h^{-1}, permettant d'obtenir le temps de réaction équivalent aux conditions pleine plaque, c'est-à-dire de 12h.

II.4.1-Silanisation du canal au chloroforme

Le circuit fluidique mis en place a révélé un problème de compatibilité du solvant avec le capot de PDMS. En effet, les premiers tests de silanisation sous flux avec le chloroforme, ont ainsi mis en évidence un gonflement du capot de PDMS et un décollement au bout d'une heure de réaction.

De plus, des fuites ont été constatées autour du canal induisant des pertes de la solution de silanisation. Par conséquent, nous avons écarté la possibilité de silanisé et les canaux de silicium avec du chloroforme.

II.4.2-Etude d'autres solvants de silanisation

Une étude concernant l'influence de la nature du solvant a été menée pour palier au problème de solubilité du PDMS par le chloroforme. Trois solvants ont été utilisés : le méthanol, l'heptane et l'octane [Jes03]. Le choix du méthanol comme solvant a été motivé par le fait que la longueur de la chaîne carbonée est approximativement identique à celle du chloroforme.

Pour l'heptane et l'octane nous avons souhaité explorer l'effet d'une longueur de chaîne carbonée du solvant plus importante [Gov94].

II.4.2.1- Analyse élémentaire par spectroscopie par photoémission à rayon X

L'analyse des spectres XPS haute résolution centrés sur le carbone a été effectuée pour les trois solvants choisis (**Figure III. 21**). Quelque soit le solvant utilisé, une augmentation de l'intensité de la composante C1s du carbone après la silanisation a été constatée indiquant un greffage limité d'organosilanes à la surface des canaux.

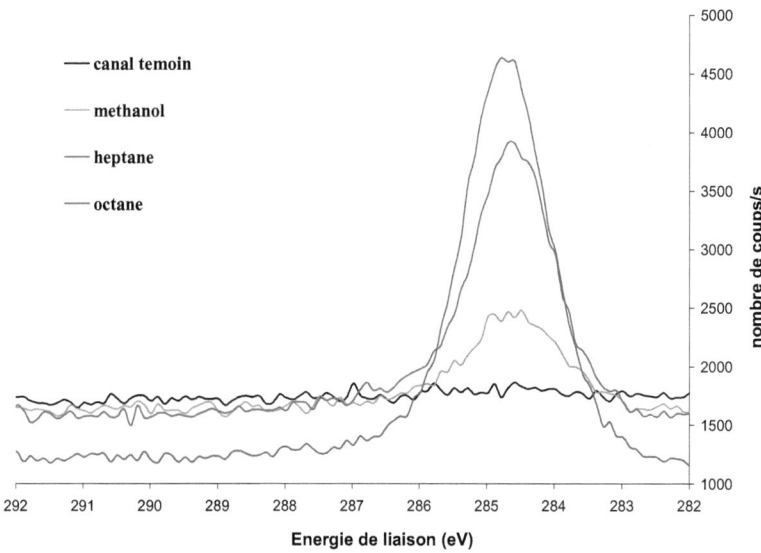

Figure III. 21 : Comparaison de spectres XPS centrés sur la composante C1s du carbone d'un canal témoin, silanisé à température ambiante au méthanol, à l'heptane et à l'octane

Les spectres hautes résolutions centrés sur la composante Si2p du silicium sont présentés dans la **Figure III. 22**. L'allure des spectres obtenus fait apparaitre un épaulement sur le pic principal à 100eV. D'autre part, après silanisation, une augmentation de l'intensité du pic à 104eV ainsi qu'une diminution du pic à 100eV sont observées quelque soit le solvant employé. Un phénomène est remarquable sur tous les spectres relevés. L'allure du pic à 100eV est différente de celle obtenue pour des échantillons de silicium pleine plaque. Les deux pics correspondent à la contribution des liaisons Si-H et Si-OH [Aur09] invisible sur les échantillons pleines plaques de silicium. Ce phénomène peut être induit par les étapes chimiques réalisées sur le canal pendant la gravure.

Pour tous les solvants, l'augmentation de l'intensité du pic à 104eV indique la formation de liaisons Si-O-Si constituants la base des molécules d'organosilanes à la surface du canal. Cette augmentation est très remarquable pour le méthanol. D'autre part, la diminution du pic à 100eV est probablement dûe à la présence de la couche de silanes : elle freine le passage dans le vide des électrons éjectés lors de la mesure XPS. Enfin, il existe un léger décalage du pic Si2p à 100eV par rapport au canal de silicium non traité lors de silanisation au méthanol : ce phénomène indique probablement la présence d'un effet de charge lors de l'acquisition du spectre.

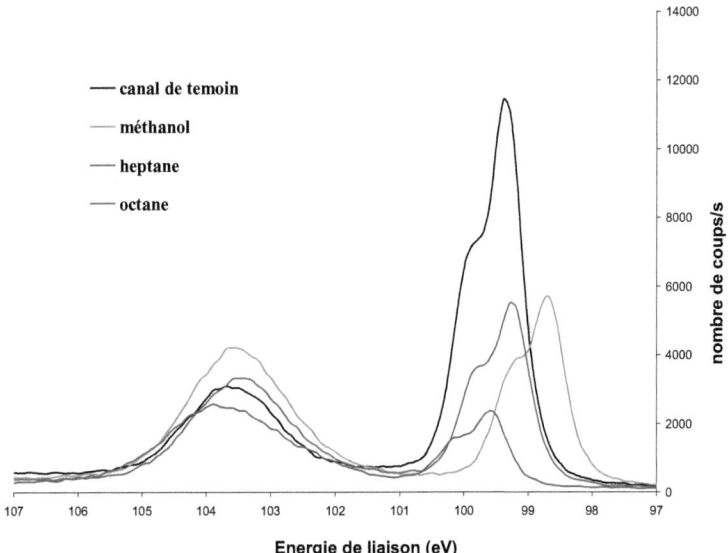

Figure III. 22: Comparaison de spectres XPS centrés sur la composante Si2p du silicium d'un canal témoin, silanisé à température ambiante au méthanol, à l'heptane et à l'octane

L'évolution du rapport atomique C/Si en fonction du solvant est présentée dans le **Tableau III. 6**. Nous constatons que le rapport est nettement plus important avec le méthanol, l'heptane et l'octane : il est respectivement égal à 0.12, 0.31 et 0.75. Le rapport atomique est beaucoup plus élevé avec l'heptane et l'octane, ce qui laisse présager que l'utilisation d'un solvant à longue chaîne carbonée conduit à une silanisation plus efficace. Le pourcentage atomique de carbone ainsi que du rapport atomique C/Si sont presque doublés en utilisant l'octane par rapport à l'heptane. Cette évolution peut être dûe à la longueur de la chaîne carbonée du solvant. En effet, l'octane a une longueur de chaîne plus importante que l'heptane et donc mieux disposé à solubiliser le silane, comme cela a été expliqué dans la **section I.2.3.3.2.c [Gov94]**.

Solvant de silanisation	Pourcentage atomique (%)		
	% Si	% C	Rapport C/Si
canal témoin	59.06	1.16	0.02
Méthanol	44.28	5.13	0.12
Heptane	42.85	13.17	0.31
Octane	33.30	20.93	0.63

Tableau III. 6: Composition chimiques de canaux silanisés à température ambiante en fonction des solvants

II.4.2.2- Analyse morphologique des canaux silanisés par AFM

L'homogénéité de la surface silanisée dans les canaux a été vérifiée par AFM (**Figure III. 23** et **Tableau III. 7**). Les conditions de mesure sont identiques à celles présentées dans la **section II.3.1**.
Sur la surface du canal non traité, il existe des impuretés et la rugosité arithmétique est égale à 2.6nm, supérieur à celle du silicium poli (égale 0.05nm). Quelque soit le solvant, la rugosité augmente après silanisation. L'augmentation de la rugosité confirme le dépôt d'une couche d'organosilane. La rugosité pour le méthanol, l'heptane et l'octane est respectivement égale à 29.2nm, 6.4nm et 19.6nm.
Dans le cas de la silanisation au méthanol, en plus d'une trop forte augmentation de la rugosité, nous observons une surface extrêmement chargée. Cela peut être caractéristique d'une polymérisation dans le canal probablement dû à une mauvaise solubilisation de l'organosilane dans le méthanol ou à une mauvaise élimination de l'organosilane non greffé. Cette deuxième hypothèse peut être éliminée car des mesures de pH effectuées au moment du rinçage ont montré une disparition progressive du silane de la solution. Nous pensons que cette rugosité élevée est probablement dû à une polymérisation en surface.
A l'issue de cette étude, les rugosités ainsi que les topographies obtenues démontrent clairement que les solvants à privilégier pour réaliser un greffage homogène et uniforme sont l'heptane et l'octane.

Pour compléter cette étude AFM, nous avons préparé des échantillons de silicium pleine plaque silanisés pendant 5h30 dans les mêmes conditions présenté dans la **section II.3**. Les valeurs des rugosités sont présentées dans le **Tableau III. 7**. Quelque soit le solvant, elles montrent une surface plus rugueuse dans le canal qu'en pleine plaque. D'autre part pour le méthanol, le confinement de la réaction dans le canal ne modifie pas le résultat du greffage. En effet, sur les échantillons de silicium pleine plaque nous observons également une polymérisation du silane en surface.

Chapitre III: Préparation chimique de surface en vue d'un greffage biologique

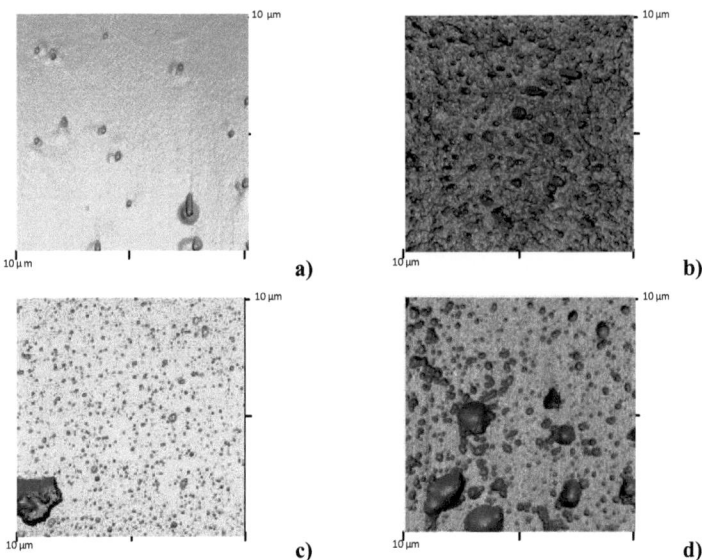

Figure III. 23: Images topographiques obtenues par AFM a) d'un canal témoin, d'un canal silanisé à température ambiante durant 5H30, b) au méthanol, c) à l'heptane, d) à l'octane

Solvant de Silanisation	Rugosité moyenne (nm)	
	dans le canal	sur du silicium pleine plaque
Canal témoin	2.6	0.05
Méthanol	29.2	27.1
Heptane	6.4	2.3
Octane	19.6	7.7

Tableau III. 7 : Valeurs de la rugosité température ambiante et pour différents solvants de canaux silicium silanisés et des substrats de silicium pleine plaque silanisés

II.4.2.3- Bilan de la silanisation sous flux à température ambiante

La forte solubilité du chloroforme vis-à-vis du PDMS rend la réaction de silanisation inefficace et non reproductible.

De plus, la silanisation au méthanol ne permet pas l'obtention d'une monocouche organisée et homogène d'organosilanes : les analyses AFM ont révélé que la rugosité de surface est importante, provenant d'une polymérisation conséquente à la surface du canal. Cette polymérisation a également été observée lors de la silanisation au méthanol de substrat de silicium pleine plaque. Ce phénomène a aussi été constaté par les caractérisations XPS : une forte augmentation du pic à 104eV caractéristique d'une polymérisation de la silice.

Enfin, les différentes méthodes de caractérisation utilisées au cours de cette étude ont révélé que l'utilisation d'un solvant à longue chaîne conduit à un meilleur rendement de greffage. Compte tenu des problèmes de dégradation du PDMS lors de l'utilisation du chloroforme et de la polymérisation importante observée avec le méthanol, ces deux solvants ont été éliminés de l'étude de silanisation sous flux. Nous avons décidé de la limiter aux deux solvants permettant d'obtenir le meilleur greffage en termes d'homogénéité de surface et de rendement : l'heptane et l'octane.

II.4.3- Optimisation du rendement de silanisation sous flux par refroidissement

Les travaux de Brzoska ont montré qu'il existe un lien entre la température de la silanisation et le rendement de silanisation **[Brz94]**. En effet, une baisse de la température entraîne une diminution de l'agitation thermique des molécules et donc une meilleure orientation et stabilité lors du greffage.

Dans cette optique, une étude de silanisation a été menée par refroidissement du dispositif expérimental en utilisant deux solvants : l'octane et l'heptane. Le choix de la température de fonctionnalisation est lié à la notion de température de transition exposé dans **section I.2.3.3.2.a**.

Après extrapolation des résultats de Brzoska, nous avons estimé une température de réaction égale à -14°C pour le composé 7-octenyltrichlorosilane. Compte tenu du fait que nous désirons uniquement avoir un environnement refroidi et thermiquement stable, la température de fonctionnalisation a été fixée à -10°C. Le dispositif expérimental a été présenté dans la **section II.2.2**. Les conditions de concentration, et de durée de réaction sont identiques à celles utilisées pour l'étude de solvant à température ambiante menée dans un canal.

II.4.3.1- Analyse élémentaire par XPS de canaux silanisés par refroidissement

Les analyses des spectres XPS Survey ont permis d'extraire les rapports atomique C/Si qui sont présentés dans le **Tableau III. 8**. Lors de la silanisation à l'heptane, les deux modes opératoires montrent une variation du rapport atomique de 0.31 à température ambiante à 0.41 à -10°C. Le résultat obtenu dans le cas de l'heptane montre que le refroidissement optimise le rendement de greffage des molécules de silane au même titre que le changement de solvant.

De plus, les résultats pour l'octane mettent en évidence un bon rendement de greffage de l'organosilane à basse température : une augmentation du rapport atomique C/Si qui passe de 0.63 à température ambiante à 0.75 à -10°C.

Compte tenu des résultats XPS, nous pouvons conclure que la densité de molécules greffées est plus importante pour les deux solvants lorsque la réaction est réalisée à une température de -10°C car il y a probablement une meilleure organisation spatiale des molécules de silane à cette température. Nous pouvons également supposer que le refroidissement du système tend à augmenter la viscosité du solvant : cela peut induire une diminution de la mobilité des molécules de silane dans le mélange réactionnel.

| Solvant | Rapport C/Si | |
de silanisation	Silanisation à 20°C	Silanisation à -10°C
canal brut	0.02	0.02
Heptane	0.31	0.41
Octane	0.63	0.75

Tableau III. 8: Comparaison des rapports atomiques C/Si des canaux silanisés à 20°C et -10°C

Afin de finaliser l'étude de l'optimisation de la réaction de silanisation, il est nécessaire à ce stade de contrôler l'homogénéité de la surface fonctionnalisée des canaux.

II.4.3.2- Analyse morphologique par AFM des canaux silanisés par refroidissement

Des mesures AFM ont été effectuées sur la surface des canaux après silanisation. Les valeurs de rugosité augmentent légèrement après la silanisation par rapport à un canal non traité (**Tableau III.9**). Qualitativement, nous observons un greffage homogène et uniforme de l'organosilane à la surface des canaux (**Figure III. 24 a et b**). En comparant la surface silanisée à l'octane à celle silanisée à l'heptane, nous remarquons que les molécules de silanes ont été greffées de manière beaucoup plus dense avec une bonne organisation spatiale dans le cas de l'octane.

L'étude en fonction de la température de la silanisation à l'octane montre qualitativement une meilleure qualité de greffage à basse température. De plus, la rugosité de surface est beaucoup plus importante sur des échantillons silanisés à l'octane à température ambiante, ce qui témoigne d'une surface beaucoup plus homogène comparée à celle obtenue pour une silanisation à -10°C (**Figure III. 23 d et Figure III. 24 b**).

Solvant de silanisation	Rugosité à -10°C (R_a en nm)	Rugosité à 20°C (R_a en nm)
Heptane	2.25	6.40
Octane	6.00	19.60

Tableau III. 9 : Tableau récapitulatif des valeurs de la rugosité moyenne des surfaces silanisées pour les différents solvants à -10°C

En conclusion, l'ensemble des résultats à ce stade nous permettent de proposer la silanisation à l'octane à basse température comme le protocole optimal pour une préparation chimique sous flux.

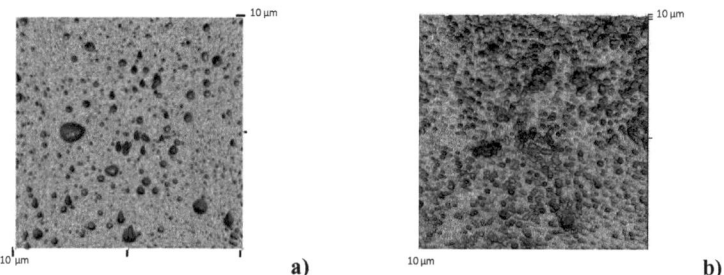

Figure III. 24 : Images topographiques obtenues par AFM d'un canal silanisé à 10°C
a) à l'heptane et b) à l'octane

II.4.3.3- Etude complète de la fonctionnalisation de surface des canaux à l'octane

Dans cette partie, une étude complète à travers des spectres XPS de la silanisation (**Figure III. 25** et **Figure III. 26**) et de l'oxydation (**Figure III. 27**) a été menée pour une fonctionnalisation à l'octane.

Les spectres haute résolution centrée sur la composante du Si2p du silicium sont présentés dans la **Figure III. 25**. L'allure des spectres montre qu'une silanisation à eu lieu pour les deux conditions de température. En effet, le pic à 104eV confirme l'apparition d'une contribution significative des liaisons Si-O-Si dûe au greffage de l'organosilane à la surface du canal. Le pic à 100eV montre aussi la présence de cette couche de silane qui rend la réponse du silicium du substrat moins visible. Ces deux phénomènes sont beaucoup plus prononcés lors de la silanisation à basse température.

Le spectre haute résolution de la composante C1s du carbone après silanisation contient un seul pic de forte intensité à 284.5eV attribué aux liaisons C-C et C=C de l'organosilane (**Figure III. 26**). L'intensité est beaucoup plus élevée pour une silanisation à -10°C, ce qui prouve une meilleure densité des silanes comparée à une silanisation à température ambiante.

L'étude de l'oxydation est réalisée en analysant les spectres haute résolution du carbone C1s d'un canal silanisé à -10°C pendant 5H30 et oxydé 12H (**Figure III. 27**). Cette comparaison fait apparaitre un pic de faible hauteur à 289eV après l'étape d'oxydation : il est caractéristique de la liaison –COOH [**Was89**]. Ce résultat démontre que la réaction d'oxydation s'est bien produite. L'aire de ce pic représente 8% de l'aire totale du pic C1s. Cette valeur est cohérente avec l'oxydation d'un carbone de l'organosilane étudié. Néanmoins, nous pouvons noter que l'intensité du pic est faible par rapport à celui obtenu lors de l'oxydation des échantillons pleine plaque de silicium.

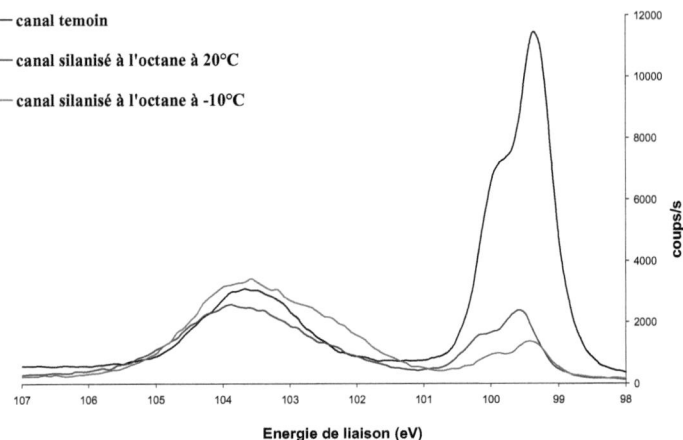

Figure III. 25 : Spectre XPS haute résolution centré sur la composante du Si2p pour un canal silanisé 5h30 à l'octane à -10°C et à 20°C

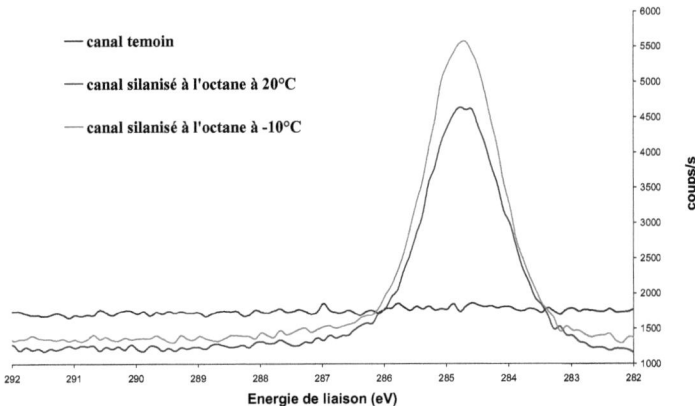

Figure III. 26 : Spectres XPS haute résolution centré sur la composante du C1s pour un canal silanisé 5h30 à l'octane à -10°C et à 20°C

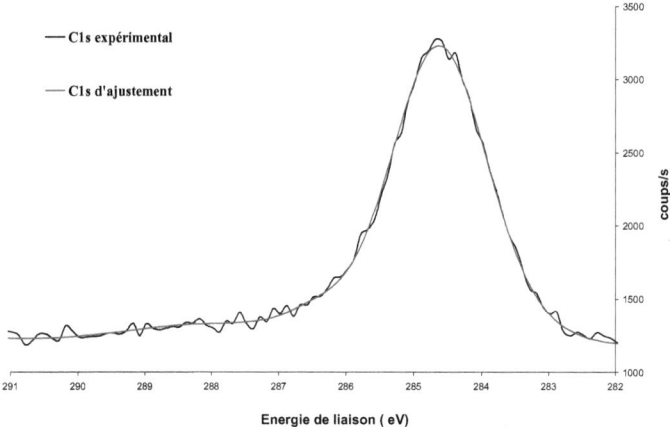

Figure III. 27 : Spectres XPS haute résolution du C1s pour un canal silanisé 5H30 à l'octane à -10°C et oxydé 12h

I.4.4- Bilan de l'étude de silanisation sous flux

Les résultats recueillis au cours de cette étude nous permettent d'affirmer que la diminution de la température de la réaction de silanisation améliore le rendement de greffage lors de la fonctionnalisation sous flux. L'utilisation de l'octane à basse température conduit aux meilleurs résultats de silanisation en termes de rendement de greffage et d'homogénéité de surface, et par conséquent permet de former une couche d'organosilanes optimale.

II.5- Conclusion

Dans ce chapitre, nous avons réalisé une étude complète de fonctionnalisation sur une surface de silicium oxydé utilisant le 7-octenyltrichlorosilane. La réaction de silanisation à température ambiante, mettant en jeu l'organosilane solubilisé au chloroforme, a été étudiée sur des substrats de silicium légèrement oxydés et de silice. Les surfaces de silicium non traité ont permis d'obtenir un greffage plus important de l'organosilane par rapport aux surfaces de silice. Par ailleurs, la durée de silanisation a été optimisée à 6h. La réaction d'oxydation de la double liaison terminale de l'organosilane en acide carboxylique a été confirmée.

La fonctionnalisation dans un canal sous flux fluidique a également été étudiée. Dans un premier temps, le protocole de silanisation pleine plaque n'a pas donné de résultats satisfaisants. Par conséquent, une étude de solvant a été menée pour optimiser la qualité de greffage. Une amélioration du rendement a également été entreprise en abaissant la température du système lors de la silanisation. Dans cette même optique, une étude de l'octane à -10°C a été menée et à permis d'arriver aux meilleurs rendements et une bonne homogénéité de la surface du canal.

Références bibliographiques:

[Aur09] Aureau D., Morscheidt W., Etcheberry A., Vigneron J., Ozanam F., Allongue P., Chazalviel J.-N., *Controlled Oxidation of Alkyl Monolayers Grafted onto Flat Si (111) in an Oxygen Plasma of Low Power Density*, J. Phys. Chem. C 2009, 113, 14418–14428

[Big46] Bigelow W. C., Pickett D. L., Zisman W. A., J. Colloid Sci., 1946, 1, 513

[Bil88] Blitz J.P, Shreedhara Murthy R.S, Leyden D.E., *The role of amine structure on catalytic activity for silylation reactions with Cab-O-Sil*, J Colloid Interface Sci 1988, 126, 387

[Bal06] Balasundaram G., Sato M.; Webster T., J. Biomaterials 2006, 27, 2798-2805

[Bal97] Balladur V., Theretz A., Mandrand B., *Determination of the Main Forces Driving DNA Oligonucleotide Adsorption onto Aminated Silica Wafers*, J Colloid Interface Sci, 1997, 194, 408

[Brz94] Brzoska J. B., Ben Azouz I., Rondelez F., Langmuir, 1994, 10, 4367

[Bri96] Britt D.W, journal of colloid and interface science, 178, 1996, 775-784

[Bae94] Baer D.R., J. Vac Sci. technol. A 12, 4, 2478-2485, 1994

[Car88] Caravajal G.S, Leyden D.E, Quinting G.R, Maciel G.E., *Structural characterization of (3-aminopropyl)triethoxysilane-modified silicas by silicon-29 and carbon-13 nuclear magnetic resonance*, Anal Chem, 1988, 60, 1776–86

[Cai06] Cai, Colloid and surfaces B : Biointerfaces, 50, 2006, 1

[Clo08] Cloarec J.-P., Chevolot Y., Laurenceau E., Phaner-Goutorbe M., E. Souteyrand E., *A multidisciplinary approach for molecular diagnostics based on biosensors and microarrays*, ITBM-RBM 29 (2008) 105–127

[Dug03] Dugas V., Chevalier Y., *Surface hydroxylation and silane grafting on fumed and thermal silica*, J Colloid Interface Sci, 2003, 264, 354

[Elg04] El-Ghannam A.R., Ducheyne P., Risbud M., Adams C. S., Shapiro I.M., Castner D., Golledge S., Composto R.J.J., Biomed. Mater. Res. Part A, 2004, 68, 615-627

[Fad99] Fadeev A.Y. and McCarthy T.J., *Trialkylsilane Monolayers Covalently Attached to Silicon Surfaces: Wettability Studies Indicating that Molecular Topography Contributes to Contact Angle Hysteresis*, Langmuir 15, 3759, 1999

[Fad00] Fadeev A.Y., McCarthy T.J., Langmuir, 2000, 16, 7268-7274

[Fau04] Faucheux N., Schweiss R., Lützow K., Werner C., T. Groth, Biomaterials 25, 2004 2721

[Gov94] McGovern M.E., Langmuir 10, 1994, 3607-3614

[Gun86] Gun J, Sagiv, J, Colloid Interface. Sci, 1986, 112, 457

[Har09] Harada G.S., Girolami R. G., Nuzzo, Langmuir, 2004, 20, 10878

[Him88] Himpsel F. J., McFeely F. R., Taleb-Ibrahimi A., J. A. Yarmoff J. A., *Microscopic structure of the SiO_2 /Si interface*, Physical Review B, 38, 9, 1988, 6084-6096

[Hoz01] Hozumi A., Sugimura H., Hayashi K., Shiroyama H., Yokogawa Y., Kameyama T. and Takai O., *Amino-terminated self-assembled monolayer on a SiO_2 surface formed by chemical vapor deposition*, J. Vac. Sci. Technol. A, 2001, 19, 1812

[Hof97] Hoffmann P.W., Stelzle M. and Rabolt J.F., *Vapor Phase Self-Assembly of Fluorinated Monolayers on Silicon and Germanium Oxide*, Langmuir 13, 1877, 1997

[Iim00] Iimura K., Y. Nakajima, Kato T., Thin solid films, 379, 2000, 230

[Jon87] Jones K., J. Chromatogr. A, 1987, 392, 11

[Jon85] Jonsson U., Olofsson G., Malmqvist M., and Ronnberg I., *Chemical vapour deposition of silanes*, Thin Solid Films 124, 2, 1985, 117

[Jes03] Ng Lee J., Park C., Whitesides G. M., *Solvent Compatibility of Poly(dimethylsiloxane)-Based Microfluidic Devices*, Anal. Chem. 2003, 75, 6544-6554

[Kal92] Kallury K M. R., Thompson M., Tripp C. P, Hair M. L, *Interaction of silicon surfaces silanized with octadecylchlorosilanes with octadecanoic acid and octadecanamine studied by ellipsometry, XPS and reflectance FTIR*, Langmuir, 1992, 8, 947

[Kim06] Kim K. J., Park K. T., Lee J. W., *Thickness measurement of SiO2 films thinner than 1 nm by X-ray photoelectron spectroscopy*, Thin Solid Films 500, 2006, 356-359

[Kim08] Kim S., Sohn H., Boo J. H., Lee J., *Significantly improved stability of n-octadecyltrichlorosilane self-assembled monolayer by plasma pretreatment on mica*, Thin Solid Films, 516, 2008, 940–947
[Lam00] Lambert A.G, Langmuir, 16, 22, 2000, 8777-8382
[Lem98] Lemieux B., Ahararoni A., Schema M., Mol. Breed, 4, 1998, 277-289
[Liu04] Liu Y.J, Langmuir 2004, 20, 4039-4050
[Len06] Lefant S., J .phys. chem. B, 2006, 110, 13947-13958
[Liu01] Liu Y., Langmuir, 17, 14, 2001, 4329-4335
[Mab98] Maboudian R., Surf. Sci. Rep., 1998, 30, 207
[Mar05] Martin C., *Développement, par une approche mixte top-down/bottom-up, de dispositifs planaires pour la nanoélectronique*, INSA, 2005
[Mit93] Mittal K. L., *Contact angle, wettability and adhesion*; VSP International Science Publishers : Leiden, The Netherlands, 1993
[Mul08] Muller D., Dufrene Y.F., *Atomic force microscopy as a multifunctional molecular toolbox in nanobiotechnology*, Nature 3, 2008, 261-269
[Nol68] Noll W., *Chemistry and technology of silicones*, Academic Press: New York, 1968
[Poi96] Poirier G.E., Pylant E.D., Science 272, 1996, 1145
[Poi99] Poirier G.E., Langmuir, 15, 1999, 1167
[Pal04] Pallandre A., Glinel K., Jonas A. M., Nysten B., *Binary Nanopatterned Surfaces Prepared from Silane Monolayers*, Nano Letters, 2004, 4, 2, 365-371
[Par03] Pardo L., Wilson W.C, Bolwand T.J., Langmuir, 2003, 19, 1462-1466
[Par05] Parvais B., Pallandre A, Jonas A. M., Raskin J. P., *Liquid and Vapor Phase Silanes Coating for the Release of Thin Film MEMS*, IEEE Transactions on device and materials reliability, 2005, 5, 2, 205-254
[Rus07] Rusmini F., Zhong, Z., Feijen J., *Protein Immobilization Strategies for Protein Biochips*, Biomacromolecules, 2007, 8, 1775-1789
[Sav80] Schreiber, F *J.* Phys.: Condens. Matter, 2004, 16, R881–R900.
[Saj80] Sajiv J., J. Am. Chem. Soc., 1980, 102, 92
[Sch00] Schreiber F., Progress in Surface Science, 2000, 65, 151
[Sol09] Sołoducho J., Cabaj J., Świst A., *Structure and Sensor Properties of Thin Ordered Solid Films*, Sensors 2009, *9*, 7733- 7752
[Sch04] Schreiber, F *J.* Phys.: Condens. Matter, 2004, 16, R881–R900.
[Sug00] Sugimura H., Ushiyama, K.; Hozumi, A., Takai O., Langmuir 2000, 16, 885
[Tri92] Tripp C.P., Hair M. L., Langmuir, 1992, 8, 1961
[Tri95] Tripp C.P., Hair M. L., Langmuir, 1995, 11, 1219
[Tri96] Tripp C.P, Kazmaier P, Hair ML., *Using Trichlorosilane as a Probe To Investigate the Role of the Preadsorbed Amine in a Two-Step Amine-Promoted Reaction of Chlorosilanes on Silica*, Langmuir, 1996, 12, 6407–6409
[Tad95] Tada H., *Surface Reaction of Fluoroalkyl-Functional Silanes on SnO_2*, J. Electrochem. Soc. 1995, 142, L11
[Tho91] Thomas R.C., Sun L., Crooks R.M., Ricco A.J., Langmuir 7, 1991, 620
[Tat04] Tatoulian M., langmuir 2004, 20, 10481-10489
[Ulm96] Ulman, A., Chem. Rev. 96, 1996, 1533-1554
[Wan03] Wang Y., Lieberman M., *Growth of Ultrasmooth Octadecyltrichlorosilane Self-Assembled Monolayers on $SiO2$*, Langmuir 2003, 19, 1159-1167
[Was89] Wasserman S. R., Tao Y.-T., Whitesides G. M., Langmuir 1989, 5, 1074
[Wan97] Wang D.W., Thomas S.G., Wang K.L., Xia, Y., Whitesides, G. M. Appl. Phys. Lett. 1997, 70, 1593
[Wit93] Witucki G. L, *a silane primer, chemistry and application of alkoxy silanes*, journal of coatings technology, 65, 822, 1993, 57-60
[Zyb97] Zybill C.E., Ang H.G., Lan L., Choi W.Y. and Meng E.F.K., *Monomolecular silane films on glass surfaces – contact angle measurements*, J. Organometallic Chem. 547, 167, 1997
[Zou08] Zou J., Kauzlarich S. M.; J Clust Sci, 2008, 19, 341

Chapitre IV : Méthodes de greffage de protéines sur surface plane et en canal

Les protéines présentent une très large gamme de propriétés biologiques basées sur un processus de reconnaissance hautement spécifique. Dans le cadre du développement de biocapteurs dédiés à la détection sensible de biomarqueurs reposant sur une interaction spécifique antigène-anticorps, il est nécessaire d'immobiliser les protéines sur des supports solides [Sam11]. Dans un premier temps, nous présenterons différents modes d'immobilisation des protéines sur les surfaces fonctionnalisées ainsi que quelques applications concernant l'utilisation des protéines pour le développement de laboratoires sur puces. La partie expérimentale sera exposée : nous nous intéresserons en particulier à la détection de biomarqueurs spécifiques de la maladie d'Alzheimer et proposerons une technique de quantification basée sur le greffage de protéines sur des surfaces de silicium fonctionnalisées et la formation d'un immuno-essai de type "sandwich".

I- Quelques notions préliminaires en biologie

I-1- Différents modes d'immobilisation des protéines

Deux approches peuvent être employées pour immobiliser une protéine sur une surface : le mode de greffage covalent et le greffage non-covalent. Dans le cas du greffage non-covalent, les protéines peuvent être physisorbées ou interagir par des affinités biologiques. Pour l'immobilisation covalente, deux types de greffage peuvent être envisagés : le greffage covalent non spécifique (immobilisation aléatoire de la protéine) et le greffage covalent spécifique (immobilisation orientée de la protéine).

I.1.1- Greffage non covalent

Ce mode de greffage repose sur des interactions non covalentes entre les surfaces de greffage et les protéines à immobiliser. L'immobilisation des protéines s'effectue essentiellement par phénomène physisorption ou par bio-complexation.

I.1.1.1- Physisorption

Dans ce type de greffage, l'immobilisation d'entités biologiques s'effectue par l'intermédiaire d'interactions non covalentes de type électrostatiques, hydrophobes ou des interactions polaires. Ces méthodes sont simples et rapides à mettre en œuvre car de nombreuses protéines s'adsorbent spontanément sur des surfaces. Elles ne nécessitent pas de modification chimique du ligand.

Les protéines peuvent être piégées dans un matériau polymérique poreux comme des membranes de polypropylène modifié par de la polyaniline [Pil03]. Les composés sont ainsi liés au matériau par des interactions électrostatiques et hydrophobes, ce qui conduit à un greffage dépendant en partie du pH du milieu. Une autre possibilité est que les entités biologiques soient directement greffées à la surface de film de polymères par électrodéposition [Bar93] [Sco95]. Cette technique de greffage n'est pas performante car les molécules diffusent dans le film de polymère, conduisant ainsi à une altération de l'homogénéité de la couche de biomolécules Une autre méthode consiste à réaliser des films de protéines à la surface de substrats de verre ou de silicium grâce à des molécules amphiphiles [Kaw85] [Bar94]. Un film de ''Langmuir-Blodgett'', composé d'une monocouche organique, est crée à la surface d'un matériau en immergeant un substrat dans un liquide : les composés organiques amphiphiles sont déposés à l'interface liquide-air [Lan17] [Blo35]. Les biomolécules peuvent ainsi être incorporées et immobilisées sur ces films [Sol09]. Le principal défaut de cette méthode est que le film est formé à l'interface eau-air, ce qui peut dénaturer les protéines et altérer leur conformation tridimensionnelle [Ant96].

De manière générale, le greffage par les techniques de physisorption de ne semble pas performant. Les liaisons mises en jeu entre le support et les biomolécules sont réversibles, et très fragiles. Ce greffage ne permet pas de contrôler la densité d'entités biologiques greffées à la surface. De plus, l'immobilisation des protéines n'est pas uniforme. Enfin, cette stratégie de greffage peut conduire à une perte partielle ou totale de l'activité biologique dûe à la dénaturation des protéines du fait des interactions avec le substrat ou par réduction de la mobilité des protéines.

I.1.1.2- Bio-complexation

La bio-complexation consiste à utiliser la propriété de bio-affinité pour immobiliser des protéines sur des surfaces. Le support solide à greffer est tapissé par une molécule d'accroche capable de se lier bio-spécifiquement à une molécule secondaire. Le complexe formé permet le greffage à la surface du matériau de la biomolécule d'intérêt.

I.1.1.2.a- Complexe streptavidine/biotine

Une des méthodes d'immobilisation non covalente la plus couramment utilisée repose sur l'interaction d'une vitamine, la biotine avec une protéine qui peut être la streptavidine, la neutravidine ou l'avidine (**Figure IV. 1**). Ces différentes entités biologiques sont des glycoprotéines tétramèriques solubles dans les solutions aqueuses et stables dans une large gamme de pH.

Le complexe bio-spécifique le plus utilisé est le complexe biotine/streptavidine. La biotine, molécule organique de faible dimension et stable, est naturellement présente dans les organismes vivants. Elle se lie avec la streptavidine, avec une très haute affinité caractérisée par une constante de dissociation très élevée ($K_d=10^{-15}$ mol.L^{-1}). Chaque molécule de streptavidine peut se lier à quatre molécules de biotine. La biotine présente également une grande affinité pour des protéines autres que la streptavidine, tel que l'avidine ($K_d=10^{-13}$ mol L^{-1}).

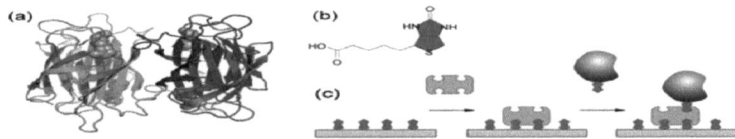

Figure IV. 1 : Représentation schématique du greffage non covalent streptavidine/biotine : structure tridimensionnelle de la streptavidine (tétramèriques), (b) biotine, (c) immobilisation d'une protéine biotinylée via la streptavidine (type sandwich) [Chi09]

Généralement, lorsqu'une protéine est immobilisée par l'intermédiaire du complexe streptavidine/biotine, deux types de stratégies peuvent être envisagés. L'immobilisation de la streptavidine peut être effectuée directement à la surface par physisorption ou chimisorption, ainsi la protéine biotinylée pourra interagir avec la streptavidine immobilisée. Les surfaces peuvent aussi être fonctionnalisée avec de la biotine, qui pourra ensuite lier spécifiquement la streptavidine sur laquelle, la protéine biotinylée se fixera, conduisant ainsi à la formation d'un complexe de type ''sandwich'' **[Bel08]**. L'avantage d'une telle immobilisation est qu'elle permet de conserver toute l'activité biologique de la protéine d'intérêt. Cela est dû à la taille de la biotine : sa conjugaison à des macromolécules n'affecte pas la conformation, la taille, ou la fonctionnalité des protéines de greffées. De plus, la formation du complexe est rapide et ne dépend pas du pH, de la température, de solvant ou de tout autre agent.

D'autres glycoprotéines ayant également une affinité bio-spécifique mais qui présentent des propriétés physico-chimiques différentes de la streptavidine tels que le poids moléculaire, la composition des acides aminés et le point isoélectrique peuvent être utilisées. C'est le cas de la neutravidine et de l'avidine qui sont susceptibles d'interagir spécifiquement avec la biotine.

Lorsque l'immobilisation est assurée par l'avidine, l'impact des interactions non-spécifiques est plus important par comparaison avec la streptavidine. En effet, l'avidine est une protéine qui possède un grand nombre de charges positives à pH 7, ce qui conduit à l'établissement d'interactions électrostatiques non spécifiques avec d'autres protéines présentes dans l'échantillon biologique. Cependant, il est important de noter qu'une immobilisation avec de la streptavidine peut permettre de réduire les interactions non-spécifiques mais ne peut les empêcher totalement.

L'immobilisation des protéines par ce mécanisme nécessite leur biotinylation. La formation de protéines biotinylées repose principalement sur la méthode EDC/S-NHS (décrite dans la **section I.1.2.1.a)**.

I.1.1.2.b- Métaux de transition

Cette stratégie de greffage repose sur l'utilisation de séquences poly-histidine appelé ''His-Tag''. Les His-Tag sont des séquences présentent au niveau de protéines recombinantes constituées d'au moins cinq résidus histidine (His) souvent situées à l'extrémité N ou C-terminale de la protéine. Les His-Tag sont de petite dimension, compatibles avec les solvants organiques, et ont une faible immunogénicité. Les séquences sont utilisées pour marquer des sites d'immobilisation, sur les protéines recombinantes : les marqueurs sont placés à des positions précises de la séquence des acides aminés des protéines.

L'immobilisation des poly(His-Tag) sur des surfaces nécessite l'utilisation d'agents chélatants, comme l'acide nitriloacétique (NTA), l'acide éthylène diamine tétraacétique (EDTA) ou l'éthylène-glycol. A titre d'exemple, le NTA est un acide tricarboxylique, qui est un ligand tétradentate, est capable de se lier avec les ions métalliques par réaction chimique de complexation. Il peut ainsi occuper quatre positions dans la sphère de coordination des métaux de transition et laisse disponible deux positions de coordination permettant des interactions avec les protéines. Ce complexe ainsi formé est hydrosoluble. Il est généralement greffé aux surfaces par l'intermédiaire du couplage EDC/S-NHS.

Les métaux de transitions utilisés dans ce type de greffage sont les cations Ni^{2+}, Co^{2+}, Cu^{2+}. Ces cations métalliques divalents sont déposés également sur la surface du matériau à greffer sur lequel les protéines sont immobilisées **(Figure IV. 2)**. Le nickel est le cation le plus utilisé bien que les interactions soient plus spécifiques avec le cation de cobalt et plus fortes lors de l'utilisation de cation de cuivre. L'interaction bio-spécifique entre le NTA et les protéines contenant une séquence His-Tag s'établit grâce à une coordination de l'ion nickel entre deux groupements imidazoles présents sur un composé His-Tag et quatre ligands de NTA. Le greffage formé est très stable car il repose sur plusieurs liaisons. Il nécessite une surface saturée en NTA. Néanmoins, les complexes formés avec le NTA présentent des inconvénients. En effet, il peut conduire à des adsorptions non spécifiques à la surface. En effet, l'affinité entre le complexe His-Tag et le complexe NTA-Ni^{2+} est faible ($K_d=10^{-6}$mol.L^{-1}). Cependant cette faible affinité peut être exploitée, car elle rend l'immobilisation réversible et permet l'utilisation répété d'une même surface de greffage. C'est également le cas lorsque l'ion Cu^{2+} est utilisé. En effet, l'immobilisation peut être inversé par l'addition d'EDTA qui chélate le cuivre et supprime ainsi le greffage de la protéine **[Nao05]**.

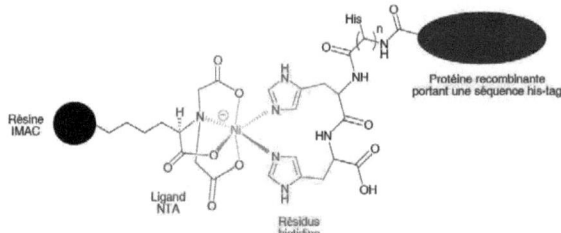

Figure IV. 2 : Schématisation du complexe octaédrique d'un ligand d'acide nitrilotriacétique avec un métal de transition de nickel et une protéine recombinante marquée à l'His-Tag [Dau10]

I.1.1.2.c- Protéine A et protéine G

L'immobilisation des anticorps par l'utilisation de la protéine A ou de la protéine G s'appuie sur l'interaction spécifique non covalente avec la région constante Fc des immunoglobulines G (IgG) **[Her96]**.

La protéine A, issue de parois des bactéries Staphylococcus aureus, possède cinq sous-unités, chacune d'elles pouvant se lier à la partie Fc des IgG par l'intermédiaire des groupements glucidiques. Au cours de l'immobilisation, trois de ces sous unités deviennent inactives; une protéine A est donc capable de se lier à deux anticorps par leur extrémité Fc. Ce mode d'immobilisation permet de maintenir accessible le site de reconnaissance situé sur la région variable Fab spécifique de l'antigène, l'activité de l'anticorps est donc préservée. Ce mode de greffage présente un autre avantage : il permet une immobilisation spécifique des glycoprotéines puisqu'elle est réalisée par l'intermédiaire des fragments glucidiques.

Une autre protéine du même type, la protéine G, issue de cellules animales, peut être utilisée; elle présente une affinité encore plus importante que la protéine A vis-à-vis des domaines Fc des immunoglobulines.

Il existe néanmoins des restrictions liées à cette stratégie de greffage. Tout d'abord, il existe un manque d'orientation de la protéine A elle-même. De plus, cette stratégie d'immobilisation ne concerne que certaines catégories d'anticorps. Ainsi, la protéine A fixe avec une grande affinité les IgG1 et IgG2 d'humain ou de souris, mais beaucoup moins les IgM, IgA et IgE, ainsi que IgG3 et IgG1 de souris. Elle n'a aucune d'affinité connue pour les IgG3 et IgD humain, ou les IgM, IgA et IgE de souris.

I.1.2- Greffage covalent

Pour obtenir un greffage performant (robuste et durable dans le temps), les biomolécules peuvent être liées à la surface de matériaux par des liaisons covalentes. Pour cela, la présence d'une couche de groupements organiques à la surface du matériau est nécessaire. La technique la plus utilisée consiste à former des couches auto-assemblées à la surface des matériaux. Celles-ci sont constituées de longues chaînes aliphatiques pouvant être greffées spontanément à la surface de substrat de verre, silicium ou métaux. Ainsi, différents types de monocouches ont été ainsi formées telles de longues chaînes d'alcool sur un substrat de verre [**Big46**], des amines sur du platine [**Sha49**], des alkyltrichlorosilane sur du silicium [**Du02**] ou des chaînes de thiols, thioesters, et d'alkyldisulfides sur des surfaces d'or [**Nuz83**]. Les couches auto-assemblées formées permettent le greffage de biomolécules avec une bonne reproducibilité ainsi qu'une bonne orientation de la protéine. Dans la majeure partie des cas, les couches auto-assemblées sont des siloxanes pour les surfaces de silicium et les thiols pour les surfaces d'or [**Sch00**]. Les différentes conditions de greffage de ces composés, en particulier celles des siloxanes, sont décrites dans le **Chapitre III**.

Lors du greffage covalent, la stratégie dépend de la nature chimique de la surface et ainsi que de celle des protéines greffées. Le greffage peut être non spécifique (immobilisation aléatoire) ou spécifique (immobilisation orientée).

I.1.2.1- Greffage covalent non spécifique

Compte tenu des fonctions chimiques disponibles sur une protéine, différentes techniques peuvent être envisagées pour greffer des protéines à la surface d'un substrat **(Tableau IV. 1)**. Chacune de ces méthodes impliquent une chimie adaptée et des précurseurs spécifiques. Ce type de greffage implique l'utilisation de méthodes de synthèse organique pour greffer les acides aminés disponibles sur la protéine aux surfaces à fonctionnaliser. Ainsi, une liaison covalente sera formée entre la protéine et la surface par l'intermédiaire des groupements amines ou carboxyliques, de fonctions aldéhydes ou thiols présents. Cependant dans ce type de greffage, l'orientation de la protéine est généralement aléatoire. En effet, les groupes chimiques impliqués dans l'immobilisation sont présents à différents niveaux de la protéine, ce qui peut conduire à une immobilisation de la protéine entrainant un masquage du site actif de la protéine.

Protéines	Acides aminés	Surfaces
NH$_2$	Lys, Arg	acide carboxylique
		ester active (NH$_2$)
		Epoxy
		Aldéhyde
SH	Cys	Maléimide
		pyridile disulfure
		vinyle sulfone
COOH	Asp, Glu	Amine
OH	Ser, Thr	Epoxy

Tableau IV. 1 : Groupements chimiques impliqués entre une protéine et une surface

I.1.2.1.a- Fonctions amines

Le greffage de groupements amines est l'un des plus couramment utilisé lors de l'immobilisation de protéines. Il est effectué par l'intermédiaire des résidus lysine et d'arginine. Le réactif le plus utilisé pour le greffage de groupement amines est le sulfo-N-hydroxysuccinimide (S-NHS) : il permet de créer une liaison amide stable avec des surfaces contenant des fonctions carboxyliques, esters, et époxy (**Figure IV. 3**). Les esters S-NHS sont des molécules solubles dans l'eau, stables et ayant une hydrolyse lente qui réagissent avec la fonction amine de la protéine [**Sta82**]. Cette méthode de couplage permet un greffage de la protéine par les fonctions carboxyliques des couches auto-assemblées [**Pat97**]. Cette technique permet d'augmenter la réactivité de la fonction carboxylique grâce au passage par un ester N-hydroxysuccinimide (**Figure IV. 6**). Une autre stratégie consiste à utiliser comme agent de couplage le dimethylaminopropyl ethylcarbodiimide (EDC), qui est soluble dans l'eau. L'activation de la fonction acide par l'EDC permet de créer un intermédiaire réactionnel instable (o-acylurée) dont le caractère fortement électrophile entraîne un couplage avec un nucléophile tel qu'une amine (**Figure IV. 6**). Cependant, une autre approche, consiste à utiliser simultanément les composés EDC/S-NHS pour former des esters actifs à partir de fonction – COOH : les composés obtenus vont ensuite réagir avec la fonction amine de l'antigène pour former une liaison amide [**Sta86**]. L'avantage d'utiliser ce couple par rapport à l'EDC seul est la stabilité de l'intermédiaire formé. En effet, le composé EDC est un ester actif qui a une durée de vie de quelques secondes en milieux aqueux tandis que celle de l'ester actif S-NHS, moins sensible à l'hydrolyse, est de plusieurs heures [**Pier12**]. De plus, le produit final de cette réaction, est obtenu avec un meilleur rendement [**Sta86**]. Cette stratégie est la plus utilisée à l'heure actuelle et conduit à des greffages aléatoires des anticorps. Néanmoins, elle ne peut être utilisée pour les acides aminés dont le point isoélectrique est inférieur à 3.5 car les amines sont déprotonés dans une large gamme de pH bas.

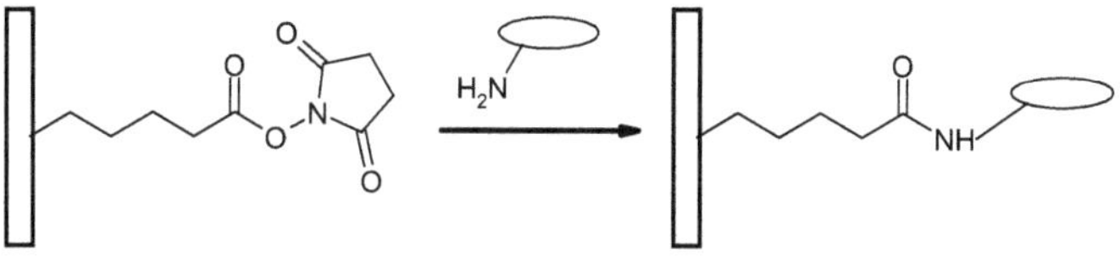

Figure IV. 3 : Différentes chimie d'immobilisation covalentes de protéines avec une fonction amine

I.1.2.1.b- Fonctions thiols

La chimie des groupements thiols au niveau des protéines est également envisageable. Elle implique une immobilisation par la cystéine. L'avantage principal de cette chimie est la force de la liaison covalente créée : l'immobilisation permet la création de liaisons disulfides stables. Cette approche permet l'utilisation de surfaces contenant des dérivés de types maléiques, disulfides ou sulfoniques (**Figure IV. 4 a, b et c**). Cette stratégie implique une distribution différente de celle obtenue en utilisant la lysine car les cystéines ne sont pas aussi abondantes que les lysines, et l'immobilisation aléatoire est moins susceptible de se produire.

Lorsque la surface comporte des groupements maléiques, l'addition de fonctions thiols conduit à la formation de liaisons de type thioéther stables (**Figure IV. 4 a**). Compte tenu des fonctions mises en œuvre, la réaction n'est possible que dans une gamme de pH très restreinte : elle est ainsi spécifique pour un domaine de pH compris entre 6.5 et 7.5. Pour les valeurs de pH plus élevées, des réactions parasites avec les fonctions amines peuvent avoir lieu. Bien que les groupements maléiques réagissent rapidement, ils peuvent être hydrolysés dans les conditions aqueuses : cela peut provoquer des difficultés pour le greffage de la protéine.

Lors du greffage de fonctions thiols, il est possible d'utiliser des surfaces contenant des composés disulfures. Ainsi, les fonctions disulfures réagissent dans une réaction d'échange entre les disulfures et les thiols des protéines pour conduire à la formation de nouveau composés disulfures. Le principal problème dû à cette réaction est le caractère réversible de la liaison lors de l'exposition à des composés ayant un caractère réducteur. Ainsi, les composés pyridyles disulfures sont employés pour le greffage de protéines par les groupements thiols (**Figure IV. 4 b**). Ils contiennent un groupe partant facilement transformé en un composé non réactif. Cette chimie n'est pas adaptée aux conditions aqueuses : il est néanmoins possible de faire la réaction dans un mélange eau/ solvant organique.

Il existe une autre stratégie de greffage utilisant les vinyles sulfones : ils réagissent avec les groupements thiols par une réaction d'addition de Michael (**Figure IV. 4 c**). Cette réaction est possible avec des groupements thiols dans une gamme de pH comprise entre 7 et 9.5. De plus, la réaction est quantitative. Enfin les conditions de greffage permettent une grande sélectivité pour les groupements thiols et est très stable dans l'eau. Néanmoins, la réactivité et la sélectivité de la réaction vis-à-vis des thiols dépend de l'environnement électrostatique des acides aminé présents à proximité des résidus : ainsi la réaction est rapide et sélective pour un pH égal à 7.9, et elle est en revanche particulièrement lente lorsque le pH est de 9.3, par exemple, dans le cas de contact avec les résidus lysine. De plus, la réaction de greffage dépend de la charge des thiols : la cinétique de la réaction d'addition est influencée par l'environnement électrostatique des groupes thiols. En effet, dans la réaction de Michael, les espèces réactives sont les composés thiols déprotonés qui sont plus réactifs que les composés thiols non déprotonés.

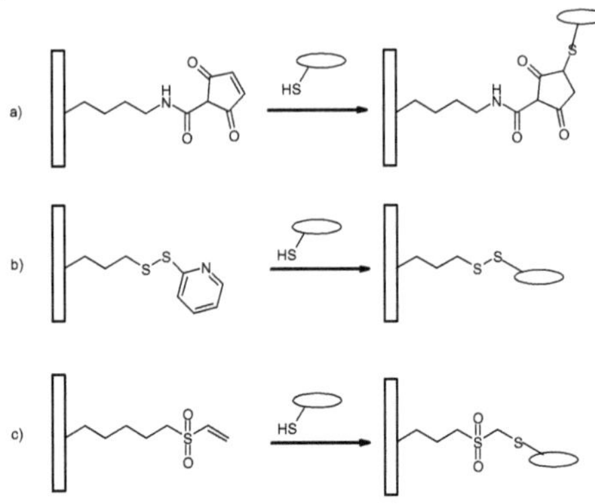

Figure IV. 4 : Différentes chimie d'immobilisation covalentes entre des protéines avec une fonction thiol et des surfaces contenant des composés a) maléimide, b) disulfide et c) vinyle sulfone

I.1.2.1.c- Fonctions carboxyles

Le greffage par les groupements carboxyles permet d'immobiliser les protéines par l'intermédiaire de l'acide aspartique et de l'acide glutamique, très abondants à la surface des protéines. Elle implique des immobilisations avec des surfaces contenant des fonctions amines. Comme la fonction carboxylique n'est pas très réactive, il est nécessaire de passer par des fonctions ester active : le greffage se fait généralement par immobilisation covalente via l'activation d'un carbodiimide (**Figure IV. 5**). Les composés carbodiimides activent les fonctions acides carboxyliques : les réactifs les plus couramment utilisé sont l'EDC et le S-NHS. La réaction passe par la formation d'intermédiaires réactionnels plus réactifs, les esters S-NHS (stratégie exposée en **section I.1.2.1.a**). Le composé carbodiimide est adsorbé aux fonctions acides carboxyliques grâce à des interactions ioniques. Les faibles pKa des surfaces composées de fonctions amines permettent une immobilisation à des faibles concentrations en carbodiimide (comprise entre 1 et 10mM). En effet, le composé S-NHS a un pKa très bas et cette propriété permet une attraction importante avec le composé S-NHS. En règle générale, la réaction d'activation avec l'EDC et le S-NHS est le plus efficace à un pH de 4.5 à 7.2 (**Figure IV. 6**) [**Her96**]. Cette condition opératoire permet donc de greffer à des concentrations faibles en carbodiimide et ainsi éviter la diminution de l'activité enzymatique de la protéine.

Une étude menée récemment a montré l'intérêt d'immobiliser les anticorps à pH acide en utilisant l'EDC et le S-NHS sur une surface de quartz fonctionnalisée [**Pei10**]. Ces expériences menées à l'aide d'anticorps dirigés contre les fragments Fab impliqués dans la reconnaissance antigénique ont montré que pour un même mode opératoire de greffage, une capture plus efficace lorsque l'anticorps est greffé à pH acide. Ainsi le nombre de sites de liaisons à la surface du capteur (QCM) est d'autant plus important en protéine que le pH est acide. Ces expériences portant sur la reconnaissance spécifique d'anticorps et d'antigènes (anti-myoglobine Monoclonal 7001 (IgG2b), 7004 (IgG1), et 7005 (IgG1), interleukine 2 humaine

(IL2) et anti-IL2 (IgG2a)) ont montré une amélioration de la sensibilité de détection du biocapteur à pH acide par comparaison à pH 7.2.

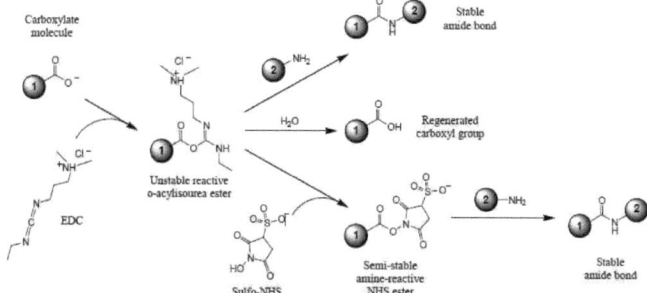

Figure IV. 5 : Chimie d'immobilisation covalentes entre une fonction acide carboxylique et une surface contenant des compose amines en utilisant un carbodiimide

Figure IV. 6 : Mécanisme de l'immobilisation covalentes entre une fonction acide carboxylique et une surface contenant des compose amines en utilisant les composé EDC et S-NHS [Pier12]

I.1.2.2- Greffage covalent spécifique

Bien que les méthodes de greffage présentées dans la **section I.1.2.1** permettent d'établir des liaisons fortes entre la protéine et une couche auto-assemblée par l'utilisation de fonctions disponibles sur les protéines, elles ne permettent pas le contrôle de l'orientation des protéines. Or, si une protéine est immobilisée via un site actif par une enzyme ou via un site de reconnaissance par un anticorps, une altération ou une suppression de son activité biologique sera observée. C'est pourquoi, une immobilisation permettant une orientation est d'un grand intérêt, car elle permet aux sites actifs de protéines d'être exposés à la surface de l'échantillon. Il existe un grand nombre de stratégies de greffages, mais nous nous sommes focalisés sur les plus utilisées : (i) le greffage par des réactions de cyclo-addition Diels-Alder, (ii) de cyclo-additions 1,3-dipolaire ou (iii) de Staudinger.

I.1.2.2.a- Cyclo-addition de Diels-Alder

La réaction de Diels-Alder est une réaction de cyclo-addition entre un composé diénophile (pauvre en électrons) et un composé diène (riche en électrons) **(Figure IV. 7)**. Cette configuration électronique permet la formation d'un cycle insaturé. Cette stratégie d'immobilisation est biocompatible car elle peut être effectuée dans un milieu aqueux. De plus, le taux de sélectivité est plus important dans un milieu aqueux que dans des solvants organiques. Un second avantage de ce mode d'immobilisation est la rapidité et la sélectivité du site d'accroche des protéines. Le composé diénophile peut être un groupement maléimide présent à la surface de greffage et le composé diène être situé sur la protéine à greffer.

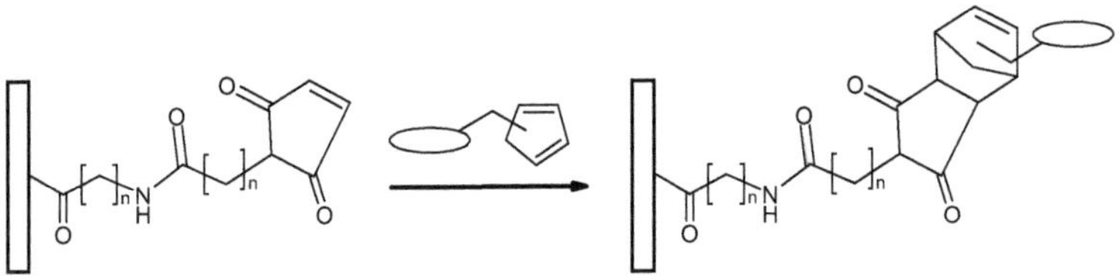

Figure IV. 7 : Réaction de Diels-Alder

I.1.2.2.b- Cyclo-addition 1,3-dipolaire

Cette stratégie de greffage consiste à réaliser une réaction de cyclo-addition d'un alcyne avec un composé azoture 1,3-dipolaire par catalyse avec le Cu(I) : elle est employée pour immobiliser les groupements azoture (**Figure IV. 8 a**) ou alcyne (**Figure IV. 8 b**) contenu sur les protéines avec des groupements alcynes ou azoture présents sur des surfaces fonctionnalisées. Toutefois, les biomolécules ont besoin d'être modifiées : il est nécessaire d'incorporer un groupement azoture ou un groupement alcyne afin les faire réagir avec des surfaces fonctionnalisées par des groupements azoture ou alcynes respectivement. En présence du catalyseur Cu(I), la réaction se déroule entre 6h et 36h à température ambiante dans un milieu tamponné à un pH compris entre 7 et 8. La cyclo-addition est hautement régiosélective et ne fournit qu'un produit réactionnel correspondant au 1,4- tétrazole disubstitué. Le catalyseur Cu (I) peut être réalisé in situ par réduction de sels de Cu(II), tel que le $CuSO_4(H_2O)_5$. Bien que cette réaction soit un excellent procédé pour immobiliser spécifiquement des sites de protéines ou d'autres biomolécules sur couches auto-assemblées convenablement fonctionnalisées, l'utilisation de Cu(I) qui est cytotoxique, limite son utilisation dans les systèmes biologiques sensibles.

Figure IV. 8 : Réaction de cyclo-addition dipolaire 1,3 lorsque a) la protéine est un composé b) la surface est un composé azoture

I.1.2.2.c- Réaction de Staudinger

Le greffage par la réaction de Staudinger est utilisé lors du marquage de protéines [Sax00], et l'immobilisation des protéines. La réaction se produit entre un groupement azoture de la biomolécule et d'un groupement phosphine de la surface fonctionnalisée contenant une fonction thioester : elle conduit à la formation d'un premier intermédiaire réactionnel, l'iminophosphorane (**Figure IV. 9**). Ce dernier subi une attaque nucléophile intramoléculaire de l'azote de l'iminophosphorane sur la fonction thioester. Le produit issu de cette réaction est un sel aminophosphonium, qui est hydrolysé et qui génère une fonction amide. Cette réaction présente de nombreux avantages : elle est réalisable en conditions douces, dans un milieu aqueux, le rendement de la réaction est élevé et il n'y a pas de formation de produits secondaires. Le greffage est excellent car il permet une immobilisation spécifique sur les sites phosphines terminaux des couches auto-assemblées, ainsi qu'une fixation orientée et homogène. Un des inconvénients majeur est que la plupart des protéines d'origine naturelle ne contiennent pas de fonctions azoture : cela implique une modification de la fonctionnalité des protéines. Cette étape de greffage supplémentaire limite le rendement en fin de réaction. De plus, les composés phosphines s'oxydent rapidement : cela implique donc de préparer les surfaces à greffer juste avant de réaliser la réaction d'immobilisation.

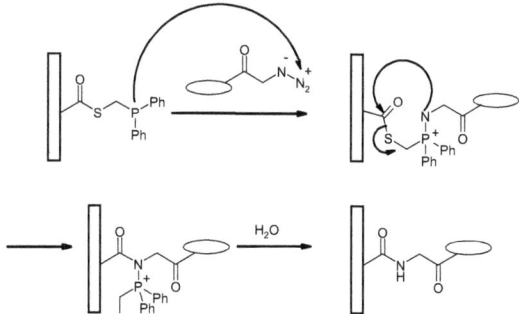

Figure IV. 9 : Réaction de Staudinger

I.1.3- Conclusion

Le greffage covalent est la technique d'immobilisation permettant d'obtenir une répartition homogène des protéines sur une surface ainsi qu'une bonne densité de greffage. Le greffage covalent permet, dans la majorité des cas, de maintenir les fonctions biologiques des protéines intactes mais peut entrainer une immobilisation aléatoire de la protéine pouvant conduire à un masquage du site d'action. Les techniques de greffage par bio-complexation et de physisorption présentent l'avantage d'être faciles à mettre en œuvre. Cependant, la physisorption peut entrainer une dénaturation des protéines immobilisées et donc une perte de son activité biologique. L'immobilisation par bio-complexation permet une immobilisation spécifique et orientée mais peut être réversible. Le greffage par liaison covalente spécifique permettant une immobilisation orienté des protéines reste le mode qui allie la fois performance et facilité de mise en œuvre, de plus, il peut être facilement transposable dans différents environnements de laboratoire.

I.2- Exemple des anticorps

La plupart des biocapteurs reposent sur le principe de l'immuno-essai, basé sur la reconnaissance anticorps/antigène. Aussi, après une présentation générale sur les anticorps, seront abordés les immuno-essais standards utilisés dans le domaine du diagnostique médical. La seconde partie présentera des micro-systèmes de type laboratoires sur puce utilisant le principe des immuno-essais standards.

I.2.1-Définition

Les anticorps sont des glycoprotéines également appelées immunoglobulines faisant partie du système immunitaire. Ils sont synthétisés par un vertébré en réponse à la présence d'une substance étrangère ou toxique et sont sécrétés par les plasmocytes qui représentent le stade final de différenciation des lymphocytes B. De manière générale, les immunoglobulines sont constituées de 4 chaînes polypeptidiques (deux chaînes lourdes et deux chaînes légères) et présentent une structure tridimensionnelle en forme de Y (**Figure IV. 10 b**). Des chaînes glucidiques sont également présentes, liées de manière covalente au niveau du fragment F_c, d'où leur nom de glycoprotéines. Il existe cinq classes d'immunoglobulines (IgA, IgD, IgE, IgG, IgM) correspondant à des spécificités différentes au niveau des chaînes lourdes. Elles se distinguent par des variations de taille, de charge, de composition en acides aminés, de composition en glucides et de stabilité au cours du temps. Elles apparaissent à des moments différents de la réponse immunitaire et dans différents fluides corporels.

Les IgG constituant la classe prédominante des immunoglobulines dans le sang (70-75%), notre description des anticorps se limitera à celle des IgG. La masse d'une IgG est d'environ 150kDa. Une IgG est constituée de deux types de chaînes polypeptidiques : deux chaînes légères de 23 à 25kDa (environ 220 acides aminés) et deux chaînes lourdes de 50kDa (environ 440 acides aminés). L'association entre les chaînes légères et lourdes se fait par l'intermédiaire de liaisons covalentes de type ponts disulfures et de liaisons non covalentes. La molécule d'IgG possède ainsi une structure symétrique et comporte deux sites de liaisons pour chaque antigène. Une IgG est composée de deux régions principales : le fragment F_C (Fragment Cristallisable), comportant des glucides et déterminant les propriétés biologiques de l'anticorps, le fragment F_{ab} (Fragment Antigen Binding) variable et spécifique d'un antigène (**Figure IV. 10 a**). Le domaine hypervariable des fragments F_{ab} est également appelé paratope et il est spécifique d'un épitope, l'épitope étant la partie de l'antigène reconnue par l'anticorps. Ces deux fragments sont reliés par une région charnière permettant une grande flexibilité de la molécule.

Les antigènes sont les substances étrangères, majoritairement des protéines qu'un organisme va tenter d'éliminer. Ils peuvent émaner de différents micro-organismes pathogènes tels que les bactéries, les virus, les parasites, ou de cellules cancéreuses. Les anticorps se lieront spécifiquement aux antigènes au niveau des extrémités de la partie variable appelées sites de fixation de l'antigène : l'interaction antigène-anticorps est réversible (énergie de liaison comprise entre 34 et 65kJ) : elle est régie par des interactions de type Van der Waals, liaisons hydrogène, liaisons hydrophobes et interactions électrostatiques. La forme du site de reconnaissance de l'anticorps doit être adaptée à l'antigène pour que plusieurs interactions attractives existent simultanément. La structure tridimensionnel de l'anticorps (**Figure IV. 10 b**) favorise une reconnaissance au niveau des fragments F_{ab} : une reconnaissance entre les acides aminés du paratope de l'anticorps et les acides aminés de l'épitope de l'antigène. Un anticorps peut ainsi être lié à deux antigènes simultanément.

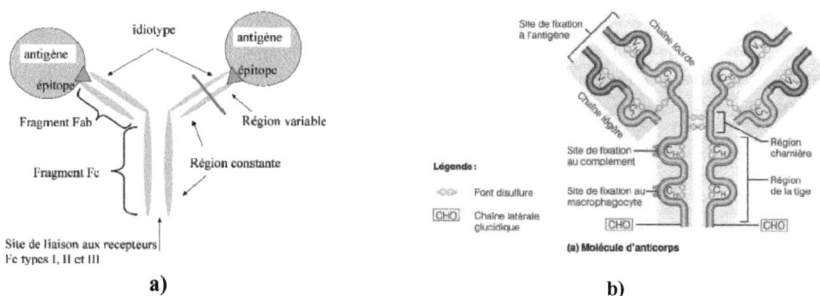

Figure IV. 10 : a) vue schématique d'un anticorps greffer à deux antigènes [Her96] b) Structure chimique d'un anticorps

1.2.2 Exemple d'un immuno-essai

I.2.2.1-Définition

Dans le cadre de la quantification d'antigènes et d'anticorps, il existe un panel de tests immunologiques plus communément appelé des immuno-essais. Un immuno-essai est un test utilisant des complexes d'anticorps et d'antigènes comme un moyen de générer une quantification. Ces complexes produisent un signal qui peut être mesuré.

I.2.2.2-Test ELISA

L'ELISA (Enzyme-Linked ImmunoSorbent Assay) est une méthode de dosage immunologique utilisant un composé marqué par une enzyme et conduisant à la production d'un composé coloré pouvant être identifié par une détection optique. Cette méthode peut être classée en deux catégories ; les immuno-essai en phase homogène ou en phase hétérogène. L'ELISA de type hétérogène utilise une phase solide alors qu'en phase homogène, l'immuno-essai est réalisé en solution. Quelque soit la phase, les tests sont de deux types : compétitif ou non compétitif.

L'ELISA par compétition peut être utilisé pour doser un anticorps (**Figure IV. 11 a**) ou un antigène (**Figure IV. 11 b**). Dans le mode compétitif, l'antigène cible (présent dans l'échantillon biologique) est en compétition avec un antigène exogène marqué vis-à-vis d'un nombre limité de sites de liaisons spécifiques des anticorps (**Figure IV. 11 a**). Ce mode est particulièrement intéressant pour les antigènes présents en faible concentration avec un nombre limité d'épitopes. Pour le dosage d'anticorps, le principe est le même, celui-ci sera en compétition avec un anticorps marqué vis-à-vis d'un antigène (**Figure IV. 11 b**).

Pour l'ELISA non compétitif direct, le dosage de l'antigène se fait par une interaction avec un anticorps marqué (**Figure IV. 12 a**) ou par l'interaction avec un anticorps qui interagit lui-même avec un deuxième anticorps marqué (**Figure IV. 12 b**).

En mode direct, l'immuno-essai le plus couramment utilisé est l'ELISA de type ''sandwich'' : l'antigène est littéralement pris en sandwich entre deux anticorps qui interagissent avec deux épitopes différents (**Figure IV. 13 a et b**). Dans ce test, un complexe enzyme-anticorps-antigène est formé, avec un anticorps immobilisé sur une phase solide (phase hétérogène). Ce type de test, tel qui est réalisé dans le domaine du diagnostic biomédical, repose sur l'utilisation de plaques de micro-titration constitué de 96 puits, sur lesquelles un revêtement est déposé, qui est utilisé comme matériau de greffage. Cependant, ce test présente un inconvénient majeur, une durée de 48h. Ainsi, la miniaturisation de l'expérience dans un dispositif micro-fluidique permet d'augmenter le rapport surface/volume, ce qui conduit à une accélération des réactions antigène/anticorps : cela conduit à améliorer potentiellement la performance et à réduire les coûts de ces immuno-essais. Dans la partie suivante, nous présenterons donc quelques exemples de dispositifs miniaturisés utilisant les spécificités des immuno-essais.

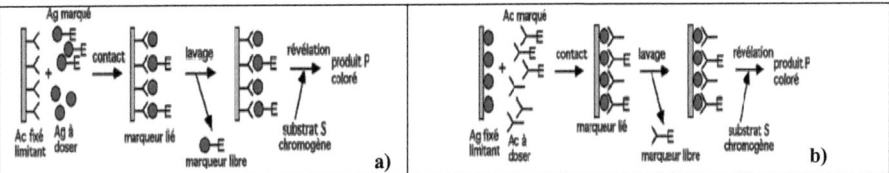

Figure IV. 11 : a) Dosage d'un antigène par test ELISA par compétition b) Dosage d'un anticorps par test ELISA par compétition [Snv11]

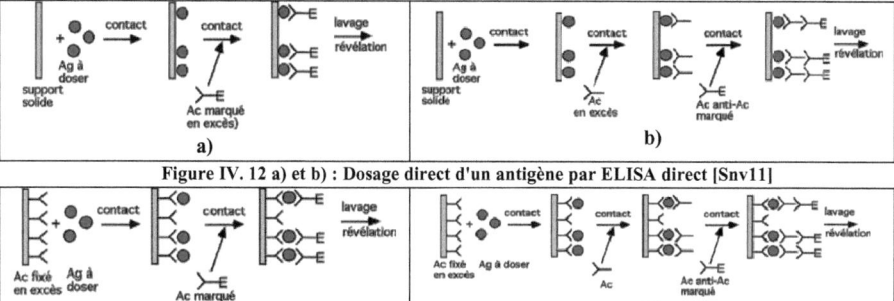

Figure IV. 12 a) et b) : Dosage direct d'un antigène par ELISA direct [Snv11]

Figure IV. 13 : a) Dosage d'un antigène par la méthode l'ELISA sandwich, b) Dosage d'un antigène par la méthode du double ELISA sandwich [Snv11]

I.2.3- Laboratoire sur puces et biocapteurs

I.2.3.1- Définition d'un laboratoire sur puce

Avec l'avènement des micro et nanotechnologies, les systèmes de détection miniaturisés représentent une alternative prometteuse aux méthodes de diagnostiques actuelles. Ces laboratoires sur puces présentent l'avantage d'utiliser un très faible volume d'échantillons et nécessitent un temps d'analyse très rapide. De nombreux dispositifs miniaturisés dédiés au diagnostique biomédical ont été développés. Ils reposent sur la détection de biomarqueurs de pathologie, et sont généralement basés sur une reconnaissance biologique spécifique. Ce domaine de recherche étant en plein expansion, il est impossible de présenter tous les travaux menés ces dernières années. Ainsi nous avons choisi de présenter des exemples illustrant les avancés les plus intéressantes dans ce domaine.

I.2.3.2- Immuno-essais sur puces

Un immuno-essai en puce micro-fluidique a été rapporté par S. Cesaro-Tadic en 2004 [Ces04]. La puce est constituée de canaux en silicium et d'un couvercle en PDMS. Les anticorps de capture sont immobilisés directement sur la surface d'un bloc de PDMS qui est placé au niveau de micro-canaux. Une solution de BSA (1%) est ensuite injectée dans le bloc de PDMS afin de prévenir les interactions non-spécifiques ultérieures. Ce substrat de PDMS est ensuite placé perpendiculairement sur une seconde puce : dans les canaux sont injecté de manière transversale l'anticorps de détection marqué à l'Alexa 647 dirigé contre l'antigène d'intérêt et les analytes à quantifier (TNFα) (**Figure IV. 14 a et b**). Le résultat de l'expérience est constitué par la formation d'une mosaïque dont l'intensité varie en fonction de la concentration de TNFα (**Figure IV. 14 c**) : la mesure est effectué à l'aide d'un scanner à fluorescence. Lors du dosage, une limite de détection de la protéine cytokine TNF d'une valeur de 20pg/mL a été atteinte en 12 minutes.

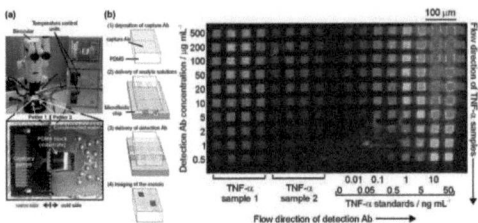

Figure IV. 14 : (a) Station de travail micro-fluidique pour une immuno-essai dans un micro-capteur, (b) étape de fabrication de l'immuno-essai, (c) détection des anticorps marqué à la Alexa 647 par un scanner à fluorescence [Ces04]

D'autres travaux présentés par Jang ont porté sur la fabrication d'une puce composée d'un substrat de verre avec trois électrodes intégrées sur la surface du substrat, ainsi que des micro-canaux en PDMS [Jan06]. La surface interne du canal de PDMS est fonctionnalisée par un organosilane contenant du poly-éthylène-glycol (qui réduit le phénomène d'adsorption non spécifique), et les anticorps de capture dirigés contre des IgG modèles sont immobilisés par l'intermédiaire d'un complexe avidine-biotine. Un immuno-essai de type sandwich utilisant un anticorps secondaire marqué à la phosphatase alcaline (AP) a permis de quantifier une solution d'IgG de souris en seulement 8 minutes avec une limite de détection de 485pg/mL. Le même groupe a réalisé une puce avec un micro-canal de PDMS fonctionnalisé et des électrodes d'or interdigitées dédiées à la détection de la troponine cardiaque humaine (cTnI), un biomarqueur permettant le diagnostic de l'infarctus du myocarde [Ko07]. Ce dispositif a permis la détection du cTnI avec un seuil de 148pg/mL en seulement 8 minutes.

Un peu plus récemment, l'équipe de Liu a développé un test ELISA avec une puce contenant un micro-canal de polyméthacrylate de méthyle (PMMA) fonctionnalisé avec du poly-éthylène-imine (PEI) [Liu09]. Le PEI génère des fonctions amines à la surface du PMMA et l'immobilisation covalente de l'anti alpha-1-fœtoprotéine (AFP), qui est un biomarqueur du carcinome hépatocellulaire, est effectuée par l'intermédiaire de glutaraldéhyde. Après capture de l'AFP, un anticorps secondaire conjugué à l'enzyme horseradish peroxydase (HRP) dirigé contre l'AFP est utilisé pour déterminer la concentration de l'AFP. Après l'addition de H_2O_2 et de 2-amino-hydroxybenzène, le produit issu de la catalyse enzymatique permet d'obtenir un composé électro-actif qui peut être détecté par voltamétrie différentielle. Le dispositif permet d'atteindre une détection minimum d'AFP égale à 1pg/mL.

Un autre exemple plus élaboré porte sur le développement d'une plateforme d'analyse permettant d'effectuer en une seule étape, après dépôt d'une goutte de sang, un immuno-essai [Ger09] [Ger11]. Cette plateforme est constituée d'un socle en silicium recouvert de PDMS (**Figure IV. 15**). L'échantillon se déplace dans le dispositif suivant un flux latéral établit grâce à une pompe capillaire. Lorsque l'échantillon biologique est déposé dans ce laboratoire sur puce, celui-ci traverse un filtre qui retient les cellules sanguines et les plaquettes. Le plasma ainsi obtenu est dirigé dans un canal micro-fluidique, qui l'achemine dans la zone de dépôt des anticorps de détection (anticorps marqués par un fluorophore). Le complexe analyte-anticorps ainsi formé se déplace toujours suivant le même flux latéral jusqu'à la chambre d'immuno-capture où sont immobilisés les anticorps de capture. Le complexe fluorescent résultant pourra être détecté à travers le capot en PDMS et quantifié par microscopie à fluorescence. Ce dispositif a été appliqué à la détection d'une protéine de l'inflammation, la C Reactive Protein (CRP) présente dans le sérum humain. Il a été possible de détecter une concentration minimum de 1ng/ml en seulement 5 minutes d'analyse. Dans le cadre d'une utilisation médicale, une teneur en CRP minimum 10ng/ml dans un prélèvement de 5µl de sang a été déterminée en 15 minutes.

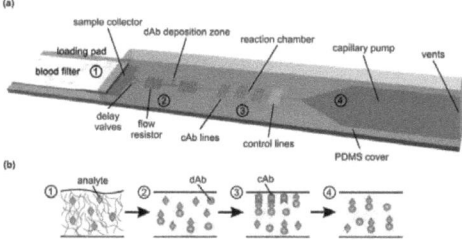

Figure IV. 15 : (a) Concept d'une puce micro-fluidique capillaire axée pour effectuer un immuno-essai (b) position et interaction entre l'analyte et la surface de la puce [Ger09]

Les exemples précédemment développés démontrent clairement que la miniaturisation des tests immunologiques par l'utilisation de micro-systèmes avec circuit micro-fluidique intégré permet de diminuer le temps d'analyse et le volume de réactifs utilisé.

I.2.3.3- Immuno-essais utilisant des nanoparticules magnétiques

De plus en plus de microsystèmes reposent sur l'utilisation de nanoparticules et plus particulièrement des nanoparticules magnétiques. L'utilisation de ces nanoparticules permet une augmentation du rapport surface/volume du fait de leur surface spécifique plus importante par rapport à celle d'un micro-canal. Celles-ci sont constituées de suspensions colloïdales dans un liquide porteur de tailles variant de 100nm à 100µm. Elles sont composées de nanoparticules d'oxyde de fer de 5 à 12 nm incluses dans une matrice de polymère. [Ela08]. La surface du polymère peut être fonctionnalisée par différents types de fonctions chimiques ($-NH_2$, $-COOH$, $-SH$, $-CHO$...). Ceci permet la fixation sur la surface des billes d'une grande variété de protéines reconnaissant des ligands de manière spécifiques (enzymes, anticorps, ou fragments d'anticorps) [Ela08]. L'avantage d'utiliser des nanoparticules magnétiques est que l'on peut très facilement faire une séparation de phase : le caractère magnétique des nanoparticules permet une séparation aisée lorsqu'elles sont incorporées dans une solution, par simple application d'un champ magnétique externe [Gij04]. Lorsque les billes sont incorporées à un dispositif micro-fluidique, elles peuvent être capturées à la surface des électrodes [Rid04] ou former un lit de billes par application d'un champ magnétique externe développé par un aimant [Har04] [Slo05] [Nel08] [Sal10]. Les billes magnétiques peuvent être utilisées dans différents domaines tels que la pré-concentration [Slo05] [Svo12], la purification, le tri cellulaire [Ghi04] [Sal10] et la détection [Gij04].

Des exemples de pré-concentration en microsystèmes à l'aide de nanoparticules ont été proposés [Moh10] [Svo12]. Dans ces études, des billes magnétiques fonctionnalisées par des anticorps dirigés contre les peptides amyloïdes ont été micro-injectées dans une puce en PDMS constituée d'un mono-canal autour duquel sont disposés des aimants (**Figure IV. 16**). Lorsque les billes sont micro-injectées dans ces dispositifs miniaturisés aimantés par un champ magnétique permanent, celles-ci s'auto-organisent en un lit de billes localisées. La solution d'antigène à pré-concentrer est ensuite injectée.

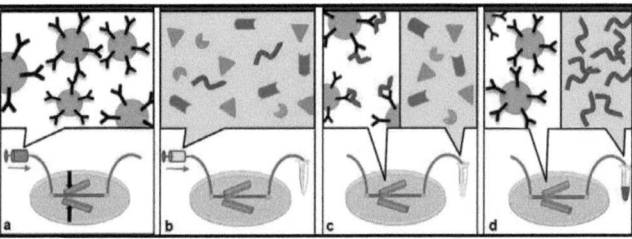

Figure IV. 16 : Schéma des étapes de pré-concentration à l'échelle macroscopique et microscopique a) introduction de la préparation de antigènes greffées sur des nanoparticules dans un dispositif microfluidique, b) injection de l'échantillon contenant les anticorps à pré-concentrer, c) capture immunologique au niveau de barreaux magnétiques, d) après rinçage, élution des peptides [Svo12]

Do proposent d'utiliser des nanoparticules commerciales magnétiques fonctionnalisées par un anticorps primaire pour les incorporer dans une puce à base de polymère (SU 8) **[Do08] (Figure IV. 17)**. Ce laboratoire sur puce est composé d'un micro module de fluidique pour l'injection et la délivrance dans plusieurs chambres d'échantillonnage et de détection de : (i) l'échantillon à analyser, (ii) des solutions de lavage et (iii) des réactifs lors de l'immuno-essais. Les chambres d'échantillonnage et de détection comprennent un micro-banc magnétique permettant de séparer et diriger les nanoparticules magnétiques dans différentes zones micrométriques, et des micro- électrodes permettant d'effectuer un dosage électrochimique au niveau de chambres de réaction. Le dispositif micro-fluidique dispose d'un total de sept canaux d'entrée pour réaliser un dosage immunologique complet : chaque canal permet l'injection d'une solution (tampons, de réactifs et d'analytes). L'expérience est effectuée de la manière suivante : l'analyte marqué à la phosphatase alcaline est injectée dans le micro-dispositif, l'anticorps de chèvre anti-souris est ensuite ajouté dans le dispositif. Le complexe est ensuite incubé dans la chambre de détection en présence de l'enzyme. Le produit ainsi généré émet un signal électrochimique qui est mesuré par les microélectrodes. Le dispositif permet de quantifier de l'IgG de souris en moins de 35 minutes dans un volume de 5µl et permet d'atteindre une limite de détection de 16.4ng mL^{-1}.

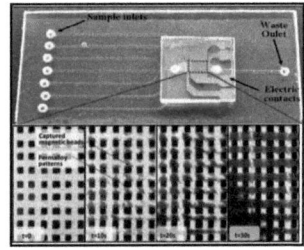

Figure IV. 17 : Exemple de puces pour immuno-essai magnétique : image de la puce et image des électrodes lors de la capture des nanoparticules pour un temps compris entre 0 et 30s et un débit 20µL/min [Do08]

I.2.3.4- Diapositifs commerciaux

A l'heure actuelle, il existe des laboratoires sur puces commerciaux qui peuvent être utilisés comme outils de diagnostics portatifs en clinique. Dans le domaine du diagnostic médical, des dispositifs permettent la détection et la quantification de différents marqueurs de pathologies présents dans les liquides biologiques tels que le sang ou la salive. Ils ne nécessitent qu'une seule goutte de sang (**Figure III. 26**), d'urine (**Figure III. 25 b**) ou de salive (**Figure III. 25 a**). De plus, ils peuvent être effectués et interprétés par un médecin généraliste en quelques minutes. Ainsi, ont été développés des dispositifs dédiés à la mesure du taux de glucose, d'albumine, de cholestérol, de protéine CRP, des marqueurs du VIH (**Figure III. 25 a**), des streptocoques, des gaz du sang, de marqueurs cardiaques, de lithium (**Figure III. 26**). Pour le grand public, les modèles les plus utilisés restent des dispositifs permettant le suivi de la glycémie, et la détection de bêta-hCG lors de tests de grossesse (**Figure III. 25 b**).

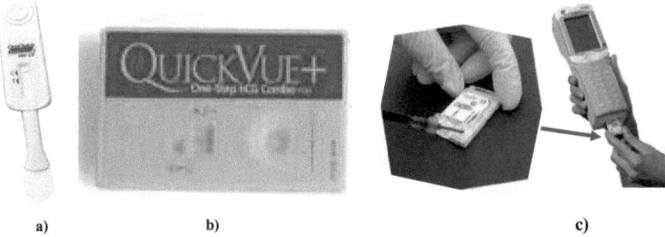

Figure IV. 18 : Dispositif commerciaux pour le diagnostique de a) HIV dans la salive [OraQu] b) de bêta-hCG dans l'urine [QuiVu] c) marqueurs cardiaques dans le sang avec cartouche amovibles [AiSt]

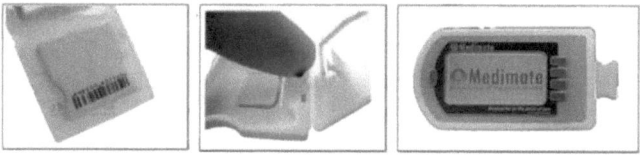

Figure IV. 19 : Dispositif miniaturisé permettant la mesure du taux lithium dans le sang [Flo10]

II- Etude du greffage de protéines sur des surfaces de silicium fonctionnalisées

La sensibilité et la spécificité des biocapteurs reposant sur la reconnaissance protéines-ligands, cela implique pour le développement du biocapteur une étape d'immobilisation de protéines sur un support solide. Une étude de la fonctionnalité biologique de ces anticorps ainsi immobilisés a donc été effectuée. Elle porte sur trois axes principaux : (i) l'étude de la répartition des anticorps greffés sur la surface, (ii) l'étude de l'orientation des anticorps, notamment l'accessibilité du fragment de l'anticorps impliqué dans la reconnaissance antigénique, (iii) l'utilisation des surfaces en tant que plateforme immunologique pour un biocapteur.

Dans la première partie de ce travail, après greffage d'anticorps IgG de souris modèles sur des surfaces de silicium fonctionnalisées, une étude de la topographie de surface par AFM a été menée pour vérifier l'homogénéité du greffage de ces anticorps sur ces surfaces. Nous avons ensuite évalué l'activité biologique des anticorps immobilisés. Pour cela, nous nous sommes intéressés à l'orientation de ces IgG de souris modèles. Un immuno-essai de type enzymatique a été effectuée à l'aide d'anticorps dirigés contre les fragments F_{ab}, afin de démontrer que les IgG greffés sur cette surface sont susceptibles de capturer efficacement les anticorps anti-Fab. La deuxième partie de ce travail a été dédiée à la détection de peptide amyloïde Aβ 1-42 : un test immunologique de type sandwich dédié à la détection sensible du peptide a ainsi été développé sur le modèle du test Elisa. Nous avons aussi greffé des anticorps d'IgG de souris sur des nanoparticules magnétiques et nous avons capturé ces dernières sur les surfaces de silicium. Enfin, le greffage d'anticorps d'IgG de souris dans un canal fluidique a été effectué afin de permettre l'intégration de l'immuno-essai dans un dispositif fluidique.

II.1- Caractérisations biologiques des anticorps immobilisés sur des surfaces

II.1.1- Homogénéité du greffage des anticorps

Cette thèse s'intégrant dans une perspective de développement d'un biocapteur résonant en silicium, nous nous sommes donc tout particulièrement intéressés dans cette partie à évaluer l'activité biologique des protéines immobilisées (les anticorps) sur des surfaces de silicium fonctionnalisées par des organosilanes. Comme nous l'avons exposé le **Chapitre III**, les silanes choisis présentent après le processus d'oxydation, une fonction carboxylique terminale permettant un greffage covalent de l'anticorps par les liaisons peptidiques.

L'immobilisation des anticorps a été effectuée à l'aide de la méthode EDC/S-NHS. Afin de caractériser la qualité du greffage des protéines sur les surfaces de silicium fonctionnalisées, une étude de la morphologie de la surface des échantillons a été réalisée par AFM après immobilisation de l'IgG de souris modèles sur des surfaces de silicium fonctionnalisées (**Figure IV. 20**).

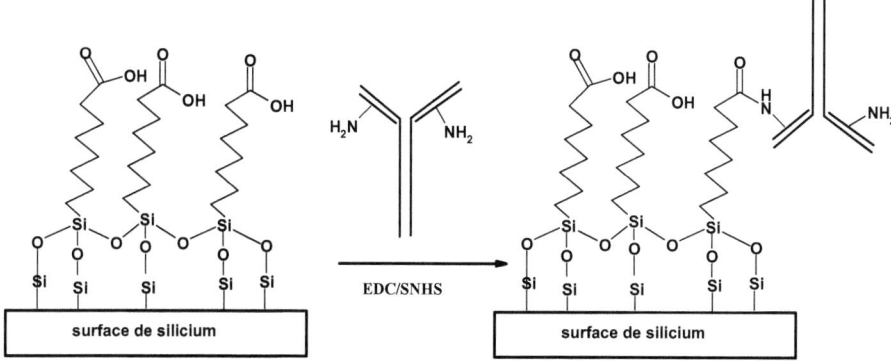

Figure IV. 20 : Schéma du greffage d'anticorps par la méthode EDC/S-NHS sur des surfaces de silicium fonctionnalisées

II.1.1.1- Mode opératoire

Sur des échantillons de silicium fonctionnalisées de 1cm^2, 200µl d'une solution d'EDC (10mg/mL) et 200µl d'une solution de S-NHS (10mg/mL) sont déposés. Après l'ajout de 20µl d'une solution d'anticorps d'IgG anti-souris (1µg/µL), les échantillons sont incubés une nuit à température ambiante. Les échantillons sont ensuite lavés avec une solution de tampon phosphate (PBS 1 X, pH 7.8 avec 0.2% de Tween 20) : cette dernière étape vise à éliminer les anticorps non adsorbés.

L'étude de la topographie de surface a été ensuite réalisée par AFM à l'air libre dans les mêmes conditions que celles présentées dans la **section II.3.1.4** du **Chapitre III**.

II.1.1.2- Résultats

La topographie de surface montre que la répartition de l'IgG de souris est régulière : il existe un espacement approximatif de 100nm entre chaque protéine immobilisée **(Figure IV. 21)**. Ce résultat indique que nous n'avons peut être pas atteint une saturation maximum des sites présents à la surface de l'échantillon de silicium fonctionnalisé.

Les mesures effectuées montrent également que l'épaisseur de la couche de protéine ne dépasse pas 20nm. Ces valeurs sont en accord avec les travaux menés par Tan, dont les mesures font état d'une hauteur de 13nm pour des anticorps IgG **[Tan07]**. Cela implique que les protéines ont été greffées en monocouche.

Enfin, la rugosité arithmétique (Ra) après greffage de l'IgG de souris est faible (1.63nm), ce qui montre que l'immobilisation est homogène, en accord avec les travaux de Popat **[Pop02]**. Cela signifie que les conditions expérimentales d'immobilisation des anticorps n'entraîne pas d'amas de protéines à la surface de l'échantillon et ainsi qu'une seule couche d'IgG est adsorbée sur l'échantillon de silicium fonctionnalisé.

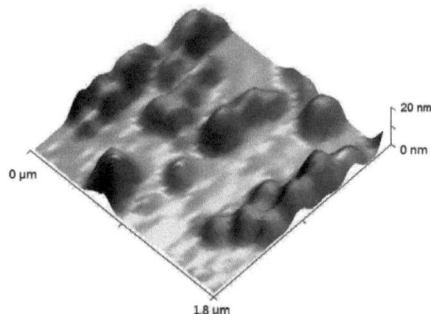

Figure IV. 21 : Image topographique réalisé par AFM après le greffage d'anticorps d'IgG de souris sur un échantillon de silicium fonctionnalisé

Ainsi, nous avons montré que le greffage des anticorps d'IgG de souris par la méthode EDC/S-NHS sur des échantillons de silicium fonctionnalisés fournit une immobilisation homogène de protéines en monocouche uniforme. Cette information nous permet d'affirmer que les protéines tapissent correctement la surfaces des échantillons de silicium fonctionnalisé, et ainsi que d'envisager une bonne disposition des sites antigéniques des anticorps. Néanmoins, ces résultats sont à nuancer. En effet, cette étude ne nous permet d'affirmer qu'il existe un lien covalent entre la surface de silicium fonctionnalisée et les anticorps. Le greffage peut ainsi être dû à des interactions électrostatiques entre les groupements chimiques présents à la surface de l'échantillon et ceux présents au niveau de l'anticorps.

II.1.2- Orientation des anticorps greffés

Après vérification de l'homogénéité de la répartition des anticorps sur la surface de silicium fonctionnalisée, l'étape suivante a consisté à étudier l'orientation des anticorps greffés. En effet, les biocapteurs utilisant la spécificité des interactions immunologiques et requièrent une méthode d'immobilisation des anticorps sur des surfaces compatibles avec le phénomène de reconnaissance antigénique. Or, nous avons choisi dans cette expérience de greffer les anticorps sur les surfaces fonctionnalisées, par la méthode EDC/S-NHS qui conduit à une immobilisation non orientée des anticorps. Ainsi, ce mode d'immobilisation peut entraîner un masquage d'une partie des sites de reconnaissance antigénique (c'est-à-dire des fragments F_{ab}), ce qui va diminuer la capacité de capture antigénique de la surface de biocapteur et conduire une diminution de la sensibilité du biocapteur. C'est pourquoi, il est important d'étudier l'orientation de l'anticorps après greffage et de vérifier ainsi l'accessibilité des sites antigéniques. Nous avons donc évalué quantitativement la capacité de capture de ces surfaces silanisées. Ceci a été effectué à l'aide d'anticorps dirigés contre les fragments F_{ab}, marqué par une enzyme, ce qui nous a permis de réaliser un dosage immuno-enzymatique (**Figure IV. 22**).

II.1.2.1- Mode opératoire

Le principe de l'immuno-essai que nous avons réalisé est illustré par la **Figure IV. 22** et le détail du mode opératoire est présenté dans l'**Annexe F**.

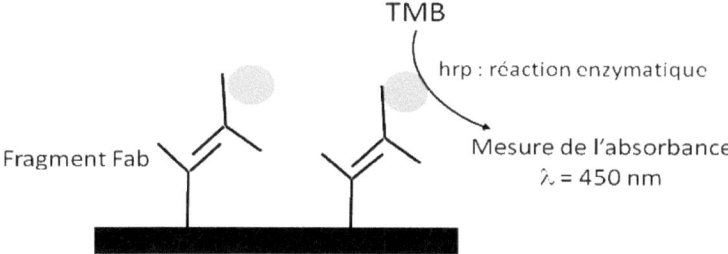

Figure IV. 22 : Schéma de l'immuno-essai réalisé avec des anticorps d'IgG anti-F_{ab} marqué à la hrp et d'IgG de souris greffés sur des échantillons de silicium fonctionnalisés

L'ensemble des expériences sont effectuées dans des plaques 24 puits dont le fond est tapissé par un revêtement permettant de limiter l'adsorption des protéines. La première étape a consisté à greffer des IgG de souris modèles sur les surfaces de silicium fonctionnalisées de 1cm^2. Après incubation, les surfaces sont passivées par l'ajout de BSA, enfin d'empêcher la création de liaisons non spécifiques. Des IgG dirigés contre des fragments F_{ab} marqués par une enzyme de type peroxydase (hrp) sont ensuite ajoutés à la préparation. Après lavage, le substrat de la hrp, le 3, 3', 5, 5'-tetramethylbenzidine (TMB), est ajouté. La réaction enzymatique a lieu à l'abri de la lumière dans une étuve à 37°C (

Figure IV. 23). L'utilisation d'un lecteur micro-plaque (EL800, BioTek®) permet de mesurer le signal colorimétrique contenu dans la solution. Cette mesure du signal permet une quantification des anticorps anti fragment F_{ab} capturés et ainsi d'évaluer la quantité de sites de liaisons antigéniques disponibles.

L'adsorption non spécifique de protéines sur des surfaces de silicium étant un phénomène classique, le greffage des IgG de souris modèles a également été réalisé en parallèle, sur des échantillons de silicium non fonctionnalisés afin de vérifier la spécificité de greffage des protéines sur des surfaces silanisées et oxydées.

HRP enzyme + H_2O_2 ⟶ HRP enzyme-O + H_2O

HRP enzyme-O

3,3',5,5'-tetramethyl benzidine (TMB) ⟶ Quinone iminium double cation radical de TMB
blue color, ε_{max} = 450nm en pH acide

Figure IV. 23 : Schéma de la réaction enzymatique entre le TMB et la HRP

II.1.2.2- Résultats

Dans cette expérience nous avons évalué l'intensité de capture des anticorps anti-F_{ab} en fonction de la concentration d'IgG de souris modèles utilisée pour immobiliser les anticorps sur les plaques de silicium fonctionnalisées. Des courbes d'étalonnages ont ainsi été réalisées en fixant la concentration d'IgG de souris modèles (400, 800 et 1000ng/mL), et en faisant varier la concentration d'IgG anti-F_{ab} marqués à la hrp (**Figure IV. 24**).

Tout d'abord, sur des surfaces de silicium non fonctionnalisées, il a été constaté que quelque soit la quantité d'IgG de souris modèles greffée et quelque soit la concentration d'IgG anti-F_{ab} immobilisée, le signal observé est très faible (≤0.25). Ainsi, il existe des adsorptions non spécifiques des protéines sur la surface des échantillons de silicium mais qu'elles sont très faibles dans nos conditions de greffage biologique.

En second lieu, les résultats obtenus montrent que quel que soit la concentration d'IgG de souris modèle greffée sur les échantillons de silicium fonctionnalisés, aux faibles concentrations d'IgG anti-F_{ab}, c'est-à-dire inférieure à 0.01µg/mL, une élévation de la concentration entraîne une augmentation de l'absorbance : cette augmentation est liée à un taux de capture des anticorps d'IgG anti-F_{ab} plus élevé (dû à une quantité plus importante de TMB digérée). En revanche, aux concentrations les plus élevées, c'est-à-dire à partir de 0.01µg/mL, nous observons que l'augmentation de l'absorbance est plus lente, et une évolution vers un palier de saturation. Ainsi, pour une concentration d'IgG modèles de souris de 1000ng/mL, un plateau est atteint. Cela démontre une saturation des sites antigéniques accessibles présents sur les surfaces de silicium fonctionnalisées de 1cm^2.

Ces expériences nous ont également permis de constater qu'une augmentation de la concentration d'IgG de souris induit une augmentation de la capacité de capture des IgG anti-F_{ab}. Ceci indique une élévation du nombre de site de reconnaissance antigénique et de la quantité d'anticorps immobilisés. Ces résultats sont en accord avec les travaux récemment effectués par d'autres équipes, qui ont montré que sur des surfaces en co-polymère cyclique d'oléfine ou sur des billes magnétiques, l'intensité de capture est proportionnelle à la quantité d'anticorps greffés **[Raj09] [Tes11]**.

Cette étude nous a également permis d'estimer le nombre de molécules d'IgG anti-F_{ab} maximum capturés à la surface des échantillons de silicium fonctionnalisés. Nous avons émis l'hypothèse que tous les sites actifs présents sur l'échantillon sont occupés et que tous les sites non spécifiques sont occupés par la BSA. Ainsi, nous sommes placés dans le cas de la saturation des sites actifs, c'est-à-dire à une concentration d'IgG de souris égale à 1000ng/mL, ce qui correspond à une concentration d'IgG anti-F_{ab} égale à 0.11µg/mL. La connaissance du volume de réaction (1mL), et de la masse molaire de l'IgG (155000 g/mol), nous ont permis de calculer le nombre de mole d'IgG anti-F_{ab} contenu dans un échantillon et ainsi d'obtenir donc une estimation de 4 10^{-3} molécules/nm^2 d'IgG anti-F_{ab} capturés. Néanmoins, ce résultat ne peut être considéré que comme une estimation du nombre réelles de molécules d'IgG anti-F_{ab} présentes à la surface de l'échantillon car nous n'avons aucune connaissances des équilibres des réactions biologiques et que par ailleurs nous ne maitrisons pas la réponse biologique des plaques de siliciums fonctionnalisées. Toutefois, cette estimation est en accord avec la dimension des molécules d'IgG (14.5nm x 8.5nm x 4.0nm) **[Tan07]**.

Cette étude nous permet de conclure que le greffage d'anticorps d'IgG de souris sur des surfaces de silicium fonctionnalisées à l'aide de la méthode EDC/S-NHS entraîne une capture satisfaisante des IgG dirigés contre le fragment F_{ab}. Ainsi malgré une immobilisation aléatoire des anticorps, le nombre de site antigénique accessible est tout à fait compatible avec une détection immunologique sensible. De plus, nous avons confirmé une spécificité de greffage des IgG de souris sur des surfaces de silicium fonctionnalisées.

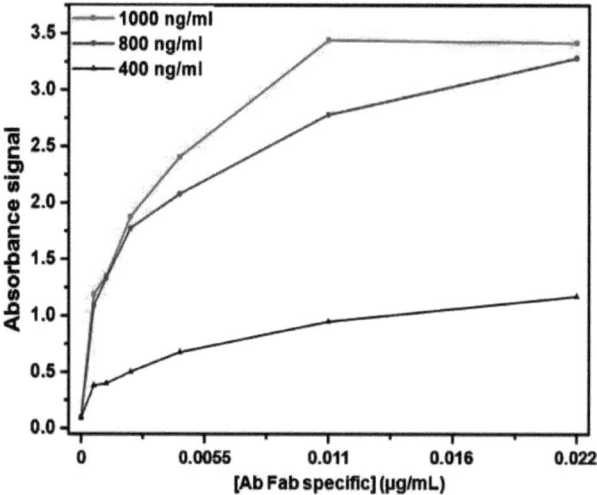

Figure IV. 24 : Courbes d'étalonnage de l'absorbance en fonction de la concentration d'anticorps IgG avec fragments F_{ab} pour 3 concentrations d'IgG de souris modèles sur des surfaces de silicium fonctionnalisées

II.1.3- **Immuno-essai pour la détection d'un biomarqueur de la maladie d'Alzheimer**

Les expériences exposées dans la **section II.1.2** ayant démontrées qu'une immobilisation aléatoire des anticorps permet une capture antigénique efficace sur des surfaces de silicium fonctionnalisées, nous avons étudié la possibilité de développer une méthode de détection du peptide amyloïde Aβ 1-42, un biomarqueur de la maladie d'Alzheimer, en solution. Nous avons choisi de développer un immuno-essai reposant sur la formation d'un complexe de type sandwich sur le modèle du test de référence, l'ELISA.

II.1.3.1- Mode opératoire

L'immuno-dosage de type sandwich a été effectué suivant la procédure présentée ci-dessous (**Figure IV. 25**). Le mode opératoire est détaillé dans l'**Annexe G**.
Comme précédemment, nous avons utilisé des plaques 24 puits commerciales comportant un revêtement permettant de limiter l'adsorption non spécifique des protéines. Après immobilisation des anticorps de capture, IgG de souris dirigés contre les peptides Aβ 1-42 sur les surfaces fonctionnalisées de 1cm^2, les peptides amyloïdes Aβ 1-42 sont ajoutés et mis à incuber afin de faciliter l'interaction antigènes - anticorps. Dans cette expérience, nous avons testé une gamme de concentration de peptides amyloïdes comprise entre 2.5 et 7.5µg/mL. Après lavage, un anticorps de reconnaissance, dirigés contre le peptide amyloïde est ajouté à la préparation et mis à incuber. Ensuite, un lavage est effectué et un anticorps de détection marqué au Cy5 et dirigé contre l'anticorps de reconnaissance est ajouté à la préparation.
Après lavage des échantillons, la formation éventuelle du complexe immunologique a été observée par microscopie à fluorescence. Les images sont obtenus avec le microscope Olympus BX51 Epifluorescent® équipé d'une camera CCD de type Olympus DP71® et de filtres. La lumière d'excitation est issue d'une lampe X-Cite Série 120PC®. De plus, l'intensité de fluorescence a été mesurée à l'aide du logiciel Image J®.

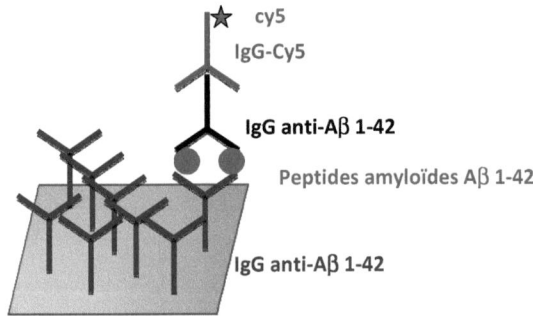

Figure IV. 25 : Représentation schématique de l'immuno-essai de type sandwich sur surface fonctionnalisé avec la capture d'anticorps (IgG de souris anti- Aβ 1-42) et de peptides amyloïdes Aβ 1-42 et la reconnaissance avec anticorps marqué (IgG de souris marqués à la Cy5)

I.1.3.2- Résultats

Dans un premier temps, nous avons comparé pour une concentration fixée de peptide amyloïde Aβ 1-42 (5µg/mL) la formation de l'immuno-complexe de type sandwich sur deux types d'échantillons de silicium fonctionnalisés : un échantillon avec greffage des anticorps de capture, un échantillon témoin sans anticorps de capture (**Figure IV. 26**). L'observation des images obtenues par microscopie montrent un rapport signal/bruit de faible intensité sur l'échantillon sans anticorps. Ce phénomène est dû à une adsorption non spécifique des peptides amyloïdes dont nous ne pouvons nous affranchir totalement. En revanche, sur l'échantillon de silicium fonctionnalisé avec l'anticorps, le rapport signal/bruit est significativement plus élevé. Ceci indique qu'il est possible d'effectuer un immuno-complexe de type sandwich sur ces plaques de silicium silanisées.

Dans la deuxième partie de l'expérience, l'intensité de fluorescence de l'immuno-essai a également été quantifiée en faisant varier la concentration en peptides amyloïdes Aβ 1-42 (**Figure IV. 27**). Une repétabilité des expériences (au nombre de 5) a permis d'obtenir une moyenne pour chacune des concentrations en peptides amyloïdes testées, et ainsi d'évaluer les écarts types. Dans notre cas, les écarts types calculés sont les écarts standards à la moyenne en tenant compte du nombre de mesures expérimentales.

Nous observons qu'une augmentation de la concentration de peptides amyloïde Aβ 1-42 induit une augmentation de l'intensité de fluorescence pour une gamme de concentration de peptides amyloïde comprise entre 2.5 et 7.5µg/ml (**Figure IV. 27**). Nous ne pouvons pas considérer que la réponse des surfaces est linaire compte tenu de l'importance des écarts types. En effet, comme nous constatons qu'ils sont importants. Ce phénomène peut s'expliquer par la nature de l'immuno-essai réalisé. La formation des immuno-complexes de type sandwich sont particulièrement sensibles aux variations de volumes des réactifs et de températures : ces changements peuvent induire des réponses différentes de l'intensité de fluorescence pour chaque échantillon testé.

Toutefois, il est important de noter également que les peptides amyloïdes Aβ 1-42 ont tendance à s'agréger **[Haa07] [Itt11]**. Cet état physique peut induire une fluctuation du rendement de capture des protéines. En effet, avec des peptides sous forme oligomérique, les fragments sont moins disponibles et la détection est moins sensible.

Figure IV. 26 : Images obtenues par microscopie à fluorescence à partir de d'immuno-essai de type sandwich sur des échantillons de silicium fonctionnalisés avec une immobilisation d'antigène Aβ 1-42 et une reconnaissance avec des anticorps marqués (IgG marqué à la Cy5) A) sans anticorps IgG, B) avec anticorps de capture (IgG)

Nous avons par ailleurs estimé la limite de détection du système. En effet, en fonction de la concentration minimum testée, C_{min}, (ici égale à 200ng/ml) et l'écart standard à la concentration C_{min}, **SD** (ici égale à 33), la limite détection est définie par l'équation suivante :

$$LOD = C_{min} + 3SD$$ **Equation IV.1**

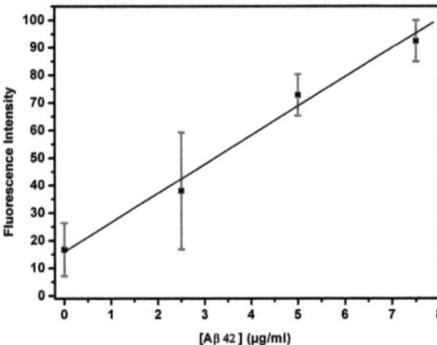

Figure IV. 27 : Courbe d'étalonnage de l'intensité de fluorescence en fonction de la concentration en peptides amyloïde Aβ 1-42, obtenu par microscopie par fluorescence

Ainsi la limite de détection est estimé à 300ng/mL, soit une concentration minimum de peptides amyloïde Aβ 1-42 détectable $C_{min\ 1-42}$ équivalente à 66nM. Cette valeur est supérieure au taux total des peptides amyloïdes Aβ présents dans le liquide céphalo-rachidien qui est d'environ de 1nM. Néanmoins, il convient de souligner que les peptides amyloïdes Aβ 1-42, du fait de leur tendance à s'agréger même en environnement in vitro, peuvent induire une diminution de l'efficacité de capture, et donc de la sensibilité de détection [Wag12] en particulier des difficultés pour évaluer avec précision la limite de détection. Ainsi, cette difficulté de quantification est généralement rencontrée lors de l'utilisation de méthodes analytiques reposant sur la formation d'immuno-complexes ou les techniques électrophorétiques [Moh12] [Svo12] [Ver11].

De plus, pour la réalisation de gamme étalon lors des tests immunologiques, il est nécessaire d'avoir des solutions standard de peptides amyloïdes Aβ 1-42. Or, pour les solutions standards de peptides amyloïdes Aβ 1-42 issues du commerce, la véritable concentration de peptides monomériques présents dans les solutions est inconnue.

Enfin cette série d'expérience a été également effectué avec du liquide céphalo-rachidien. Les résultats obtenus ont démontré que l'environnement ne modifie pas la sensibilité de la détection (données non présentées).

Pour conclure, tous les résultats obtenus dans cette étude démontrent que les surfaces de silicium fonctionnalisées sont adaptées à la détection de macromolécules biologiques telles que les peptides amyloïdes et peuvent aussi être employées pour des biomarqueurs d'autres pathologies. Elles constituent donc des plateformes immunologiques prometteuses pour le développement de capteurs résonants.

II.1.4- Greffage et capture de nanoparticules magnétiques

L'étude présentée dans cette partie est l'immobilisation de nanoparticules magnétiques sur des échantillons de silicium fonctionnalisés, ceci par l'intermédiaire de réactions immunologiques, grâce à l'augmentation de la surface spécifique. Comme cela a été exposé dans la **Chapitre I**, l'utilisation de nanoparticules, permettra d'augmenter la sensibilité du biocapteur lors de la mesure de la fréquence de résonance après le greffage des biomarqueurs, grâce à une amplification de masse significative.

Les billes magnétiques que nous utilisons sont des particules (Ademtec®), contenant un fort taux de maghémite et présentant des groupes carboxyliques à leur surface : cette fonctionnalité chimique nous permet de faire interagir les groupements amines des anticorps avec les groupements carboxyliques des billes par la stratégie EDC/S-NHS, et ainsi obtenir un lien covalent de type amide entre les deux entités biologiques (**Figure IV. 28**). De plus, le caractère magnétique des billes nous permet une utilisation aisée lors des étapes de lavages ou de greffages de protéines : en effet, au voisinage d'un barreau magnétique, ces dernières peuvent être isolées au sein d'un mélange et permettre une séparation aisé des solutions.

II.1.4.1- Mode opératoire

Le mode opératoire est détaillé dans l'**Annexe H**. Les nanoparticules sont tout d'abord lavées dans une solution de NaOH (1ml, 20mM) durant une nuit, afin d'éliminer les adjuvants contenus dans la suspension colloïdale commerciale. La séparation entre le surnageant et les billes magnétiques est possible grâce à l'utilisation d'un barreau magnétique (**Figure IV. 29**). Les agents de couplage, l'EDC et le S-NHS, ainsi que la solution d'anticorps d'IgG de souris sont ajoutés à la suspension de nanoparticules dans du tampon phosphate. Apres une nuit d'incubation sous agitation, les nanoparticules sont lavées dans du tampon phosphate et stockés à 4°C.

Pour l'échantillon global, la masse totale d'IgG immobilisée est égale à 90µg, soit un rendement d'immobilisation de 90% **[Gat09]**.

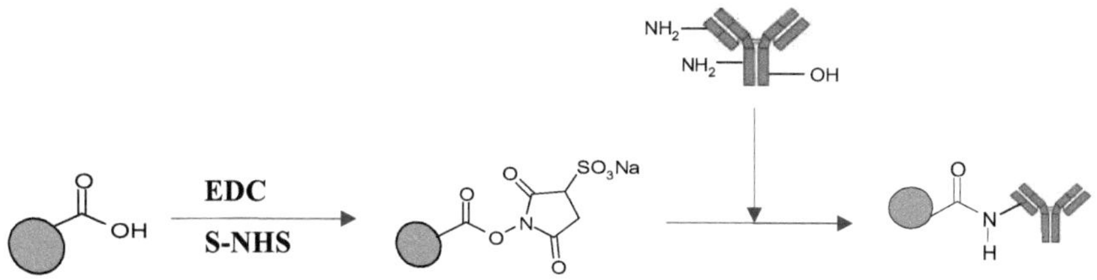

Figure IV. 28 : Réaction de greffage d'anticorps sur des nanoparticules par stratégie EDC/SNHS

Chapitre IV : Méthodes de greffage de protéines sur surface plane et en canal

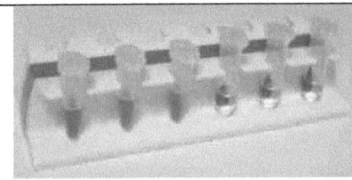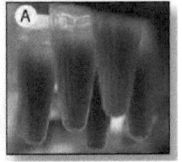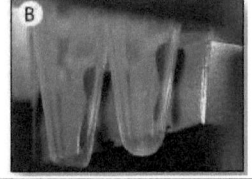

Figure IV. 29 : Image de la séparation de nanoparticules magnétique présentes dans un milieu aqueux par l'action d'un barreau aimanté (A) juste après sonication du mélange (B) après quelques minutes au voisinage du barreau aimanté

Apres avoir greffé les IgG de souris sur les nanoparticules, l'immobilisation des nanoparticules est réalisée sur les échantillons de silicium fonctionnalisés : le détail du mode opératoire est présenté dans l'**Annexe I**. En premier lieu, le greffage des anticorps d'IgG de chèvre anti-souris est effectué sur l'échantillon de silicium fonctionnalisé. Après incubation et lavage de l'échantillon, de la BSA est ajoutée pour empêcher la création de liaisons non spécifiques. La dernière étape consiste à incuber les nanoparticules fonctionnalisées par IgG de souris sur l'échantillon. Après lavage, l'échantillon peut être observé par microscopie optique.

II.1.4.2- Résultats

La capture des nanoparticules a été effectuée sur un échantillon de silicium fonctionnalisé avec greffage d'anticorps d'IgG de chèvre anti-souris (**Figure IV. 30 b**) et un échantillon de silicium fonctionnalisé témoin sans greffage d'anticorps d'IgG de chèvre anti-souris (**Figure IV. 30 a**). L'observation par microscopie optique indique qu'une quantité importante de nanoparticules est immobilisée lorsque l'échantillon contient de l'IgG de chèvre anti-souris (**Figure IV. 30 b**). Les nanoparticules semblent se déposer de manière partiellement homogène. En effet, il existe quelques zones de l'échantillon ou il y a une accumulation de billes magnétiques. En comparaison, pour l'échantillon témoin, la capture de nanoparticules est très faible (**Figure IV. 30 a**). Ainsi, malgré des lavages répétés, il persiste des interactions non spécifiques entre la surface de l'échantillon et les nanoparticules fonctionnalisées.

Nous avons également incubé des nanoparticules sans IgG de souris sur un échantillon de silicium fonctionnalisé et greffé avec de l'IgG de chèvre anti-souris (**Figure IV. 31**). Comme nous pouvons le voir, il n'y a presque pas de nanoparticules capturées. Cela indique que la capture de nanoparticules n'est possible qu'en présence d'IgG de souris greffé à leur surface conduisant à une interaction avec les IgG de chèvre anti-souris présents à la surface de l'échantillon de silicium fonctionnalisé. Ce résultat confirme donc qu'il existe une spécificité de capture des nanoparticules liée à la présence de l'IgG de souris à leur surface qui interagisent spécifiquement avec les anticorps immobilisés sur la plaque de silicium fonctionnalisée.

Pour conclure, ces expériences préliminaires de greffage de protéines sur des surfaces de silicium fonctionnalisées par un organosilane via une immobilisation de nanoparticules fonctionnalisées par des anticorps sont prometteuses. Néanmoins, il est essentiel de developper ces expériences pour la réalisation d'un immuno-essai complet de type sandwich : cela n'a malheureusement pas pu être mis en œuvre faute de temps.

a) Echantillon témoin sans greffage d'IgG de chèvre anti-souris (x10)	b) Echantillon avec greffage d'IgG de chèvre anti-souris (x10)

Figure IV. 30 : Immobilisation de nanoparticules fonctionnalisées avec de l'IgG de souris sur des échantillons de silicium fonctionnalisés

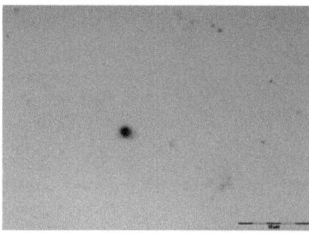

Figure IV. 31 : Immobilisation de nanoparticules sans greffage d'IgG de souris sur un échantillon de silicium fonctionnalisé et greffé avec de l'IgG de chèvre anti-souris

II.2- Mise en place d'un immuno-sandwich en mono-canal sous flux de liquide

Cette partie est dédiée à la réalisation d'un immuno-essai dans un dispositif fluidique miniaturisé sous flux de solvant. Cette immuno-dosage a été réalisé dans un canal de 1mm de large et de 3cm de long dont la fabrication a été détaillée dans la **section I.3.3** du **Chapitre V**. Lors de cet immuno-essai dédié à la détection sensible d'IgG marquées par un fluorophore sous flux fluidique (
Figure IV. 32), l'immobilisation d'anticorps IgG de souris sur la surface de canaux de silicium fonctionnalisés est évaluée qualitativement par microscopie à fluorescence. Dans cette étude, l'anticorps de détection est marqué à la fluoroisothiocyanate (FITC).

II.2.1- Mode opératoire

Cette expérience est constituée de 3 étapes de détection qui sont (i) un greffage d'anticorps d'IgG de souris à la surface des canaux de silicium fonctionnalisés ; (ii) un greffage des anticorps anti-IgG de souris marqué à la FITC dans le canal ; (iii) le suivi d'une détection de l'immuno-sandwich ainsi formé par microscopie à fluorescence.

Les différents résultats de greffage présentés dans la **section II.1.3.1** ont été adaptés à l'immobilisation des anticorps dans le canal. Tout d'abord, les réactifs EDC et S-NHS sont préparés à une concentration de 5mg/mL. Après un mélange des réactifs de couplage, et d'anticorps de souris (100μg/mL) la solution est injectée dans la puce à un débit de 2.5mL/h pendant une heure. Pour éliminer les anticorps non greffés à la surface du canal, le canal est rincé par un tampon phosphate (PBS 1 X, pH 7.8 avec 0.2% de Tween 20) pendant une heure. Les anticorps anti IgG de souris marqués à la FITC sont capturés à la surface du canal par micro-injection d'une solution d'une concentration de 200µg/mL à un débit de 0.2mL/h pendant 3 heures. Les anticorps non capturés sont éliminé par un rinçage de la puce par du tampon phosphate (PBS 1 X, pH 7.8 avec 0.2% de Tween 20). La dernière étape est l'observation par microscopie à fluorescence du canal. Un double contrôle a été réalisé : (i) un canal fonctionnalisé sans le greffage d'IgG et avec capture de l'IgG-FITC et (ii) un canal sans fonctionnalisation chimique avec le greffage d'IgG et la capture de l'IgG-FITC.

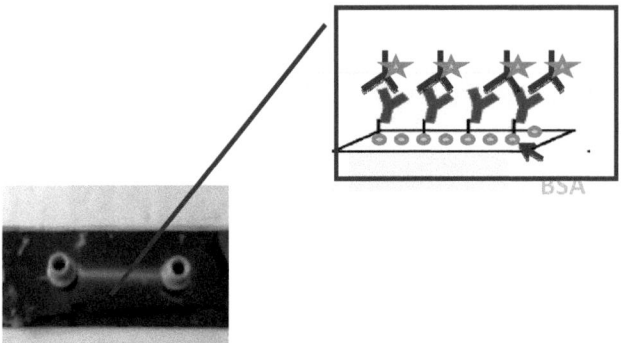

Figure IV. 32 : Immuno-essai réalisé dans un canal entre de l'IgG de souris immobilisé à la surface du canal de silicium fonctionnalisé et anti-IgG marquée à la FITC

II.2.2- Résultats

Les images obtenues après la capture des anticorps anti-IgG de souris marqués à la FITC dans un canal de silicium fonctionnalisé avec greffage d'anticorps IgG de souris et sans greffage d'IgG sont respectivement présentées par la **Figure IV. 33 b** et la **Figure IV. 33 a**.
Tout d'abord, lorsqu'il y a greffage préalable d'IgG de souris, nous observons sur la surface du canal une fluorescence très importante (**Figure IV. 33 a**). D'autre part, nous ne constatons pas de fluorescence sur la surface du canal de silicium fonctionnalisée contrôle lorsque les anticorps d'IgG de souris ne sont pas greffés (**Figure IV. 33 b**). Ce résultat démontre qu'un greffage d'IgG dans un monocanal sous flux n'altère pas la capacité de reconnaissance biologique des anticorps.
Afin de vérifier la spécificité de greffage des anticorps d'IgG, l'immuno-essai complet a été réalisé dans un canal de silicium non fonctionnalisé. Nous n'observons pas fluorescence sur la surface du canal. Cela signifie donc qu'il n'y a pas de greffage d'IgG dans le canal lorsque la surface est dépourvue de silane. En effet, le flux de liquide doit empêcher les anticorps de s'adsorber à la surface du silicium et ainsi prévenir les liaisons non spécifiques.

En comparant cette expérience réalisée sur une surface plane de silicium (**section II.1.2**), nous pouvons souligner que le temps de réaction a nettement été diminué. En effet, le temps de greffage et de capture des anticorps est de 48 heures en condition statique alors qu'il n'est que de 5 heures en condition fluidique.

Pour conclure, les résultats obtenus montrent que la fonctionnalité biologique n'est pas altérée sous flux. Ainsi il est possible réalisé des immuno-complexe dans un monocanal et nous permet d'envisager à terme un développement de ce cette expérience au micro-résonateur final.

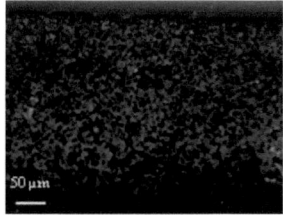 

a) Canal avec greffage d'anticorps d'IgG de souris   b) Canal témoin sans greffage d'anticorps d'IgG de souris

Figure IV. 33 : Immuno-essai réalisé dans un canal de silicium fonctionnalisé avec des anticorps anti-IgG de souris marqué à la FITC

II.3- Conclusion

Dans ce chapitre, nous avons étudié la fonctionnalité biologique de surfaces de silicium fonctionnalisées chimiquement. Une étude de la morphologie de surface d'échantillons ayant subi un greffage d'IgG de souris modèle a permis de confirmer que l'immobilisation des anticorps à la surface des échantillons est homogène.

De plus, l'évaluation de l'activité biologique des fragments F_{ab} des anticorps par un dosage immunologique de type enzymatique a permis de révéler une bonne reconnaissance antigénique des sites de liaisons. Ces résultats nous ont permis d'accomplir un immuno-essai de type immuno-sandwich dédié à la détection du peptide amyloïde Aβ 1-42, et ainsi pu développer une plateforme immunologique de détection de biomarqueurs de la maladie d'Alzheimer.

Nous avons également entrepris la capture de nanoparticules fonctionnalisé par de l'IgG de souris sur les surfaces de silicium fonctionnalisées avec un greffage d'IgG de chèvre anti-souris. Nous avons pu ainsi valider une spécificité de capture de ces nanoparticules.

Enfin, afin de permettre une intégration dans le micro-capteur final, un immuno-essai avec greffage d'IgG de souris dans un canal fluidique a montré une bonne immobilisation des anticorps.

Références bibliographiques:

[Ant96]   Antolini F., Paddeu S., Nicolini C., *Heat Stable Langmuir-Blodgett Film of Glutathione-S-Transferase*, Langmuir, 11, 1996, 2719-2725
[AiSt]   http://www.abbottpointofcare.com/
[Big46]   Bigelow W. C., Pickett D. L., Zisman W. A., J. Colloid Sci., 1, 1946, 513
[Bar93]   Bartlett P.N., Cooper J.M, J. Electroanal. Chem., 1993, 362, 1-12
[Bar94]   Bardosova M., Davis M., Tredgold R. H., Aliadib Z., Hunt B., Shmatko V., Thin Solid Films, 1, 244, 1994, 740-744
[Bel08]   Bélisle J.M., Correia J.M., Wiseman P.W., Kennedy T.E., Costantino S., *Patterning protein concentration using laser-assisted adsorption by photobleaching, LAPAP*, Lab Chip, 8, 2008, 2164-2167
[Blo35]   Blodgett K. B, J. Am. Chem. Soc., 1935, 57, 1007
[Ces04]   Cesaro-Tadic S., Dernick G., Juncker D., Buurman G., Kropshofer H., Michel B., Fattinger Delamarche C.E., Lab Chip, 4, 2004, 563–569
[Chi09]   Chiangjiang, Anal. Bioanal. Chem, 393, 2009, 1563-1570
[Deg05]   Degre G., Brunet E., Dodge A. and Tabeling P., Lab Chip, 5, 2005, 691–694
[Do08]   Do J., Ahn C.H., Lab Chip 8, 2008, 542
[Das06]   Das J., Aziz, M.A., Yang, H., 2006. J. Am. Chem. Soc. 128, 16022–16023
[Du02]   Du X.Z., Hlady V., J. Phys. Chem. B, 2002, 106, 7295
[Dau10]   Dauvergne J., *Synthèse et étude physico-chimique de nouveaux tensioactifs utilisables pour la cristallisation 2D sur film lipidique et l'étude des protéines membranaires*, Université d'Avignon et des Pays de Vaucluse, juillet 2010
[Ela08]   Elaissari A, *Ferrofluides et latex magnétiques pour applications biomédicales*, Techniques de l'ingénieur J 2275, 1-9
[Flo10]   Floris A.; Staal S.; Lenk S.; Staijen E.; Kohlheyer D.; Eijkel J.; van den Berg A., Lab Chip, 10, 2010, 1799–1806
[Gat09]   Gatineau M., *Développement de biocapteurs pour la détection ultrasensible de protéine*, rapport de master, faculté de pharmacie de Chatenay Malabry, 2009
[Gij04]   Gijs M. A. M., *Magnetic bead handling on-chip: new opportunities for analytical applications*, Microfluid Nanofluid, 1, 2004, 22–40
[Ghi04]   Ghiringhelli F., Schmitt E., *Tri par billes magnétiques Technique et exemple du tri des lymphocytes T régulateurs CD25+ chez le rat*, Ann Biol Clin 2004, 62 : 73-8
[Ger09]   Gervais L., Delamarche E., Toward one-step point-of-care immunodiagnostics using capillary-driven microfluidics and PDMS substrates, Lab Chip, 2009, 9, 3330–3337
[Ger11]   Gervais L., Hitzbleck M., Delamarche E., *Capillary-driven multiparametric microfluidic chips for one-step immunoassays*, Biosensors and Bioelectronics, 27, 2011, 64– 70
[Har04]   Hartshorne H., Backhouse C. J. and Lee W. E., Sens. Actuators, B, 99, 2004, 592–600
[Haa07]   Haass C., Selkoe D. J., *Soluble protein oligomers in neurodegeneration: lessons from the Alzheimer's amyloid β peptide*, Nature Rev. Mol. Cell Biol., 8, 2007, 101–112
[Her96]   Hermanson G., *Bioconjugate Techniques*, New York, 1996
[Har02]   Hardy, *The Amyloid Hypothesis of Alzheimer's Disease: Progress and Problems on the Road to Therapeutics* , Science ,19, 2002, 353-356
[Isr12]   Israel M. A., Probing sporadic and familial Alzheimer's disease using induced pluripotent stem cells, Nature, 2012, 1
[Itt11]   Ittner L. M., Götz J., *Amyloid αβ and tau- a toxic pas de deux in Alzheimer's disease*, Nature Reviews Neuroscience, 12, 2001, 67-72
[Jan06]   Jang Y., Oh S.Y., Park J.K., Enzyme Microb. Technol., 39, 2006, 1122
[Jan08]   Janssen X.J.A., Van Ijzendoorn L.J., Prins M.W., Biosens. Bioelectron., 23, 6, 2008, 833–838
[Koh07]   Ko S., Kim B., Jo S.S., Oh S.Y., Park J.K., Biosens. Bioelectron. 23, 2007, 51
[Koh04]   Kohn M.; Breinbauer R., Angew. Chem., Int. Ed., 43, 2004, 3106- 3116

[Kim05]	Kim K.S. and Park J. K., Lab Chip, 2005, 5, 657–664
[Lan17]	Langmuir I., J. Am. Chem. Soc., 39, 1917, 1848
[Liu09]	Liu Y., Wang H., Huang J., Yang J., Liu B., Yang P., Anal. Chim. Acta 650, 2009, 77
[Moh10]	Mohamadi M. R., Svobodova Z., Verpillot R., Esselmann H., Wiltfang J., Otto M., Taverna M., Z. Bilkova, J.-L. Viovy, *Microchip Electrophoresis Profiling of Aβ Peptides in the Cerebrospinal Fluid of Patients with Alzheimer's Disease*, Anal. Chem., 82, 2010, 7611–7617
[Moh12]	Mohamadi M.R., Verpillot R., Taverna M., Otto M., Viovy J.L., Methods in Molecular Biology 869, 2012, 173–184
[Mot95]	Motter R., *Reduction of P-Amyloid Peptide, in the Cerebrospinal Fluid of Patients with Alzheimer's Disease*, Annals of Neurology, 38, 4, 1995, 643-648
[Nao05]	Haddour N., S. Cosnier S. Gondran C., *Electrogeneration of a Poly(pyrrole)-NTA Chelator Film for a Reversible Oriented Immobilization of Histidine-Tagged Proteins*, J. Am. Chem. Soc., 127, 2005, 5752
[Nuz83]	Nuzzo R. G.; Allara D. L., J. Am. Chem. Soc., 1983, 105, 4481
[Nam03]	Nam J.M., Thaxtion C.S., Mirkin C.A., Science, 301, 2003, 1884–1886
[Nel08]	Nel A. L., Minc N., Smadja C., Slovakova M., Bilkova Z. , Peyrin J.-M., Viovy J.-L., Taverna M., *Controlled proteolysis of normal and pathological prion protein in a microfluidic chip, lab Chip*, 8, 2008, 294-301
[Nil10]	Nilasaroya A., *A Poly(vinyl alcohol) and heparin hydrogels : synthesis, structure and presentation of signalling molecules for growth factor activation*, University of New South Wales, 2010
[OraQu]	http://www.orasure.com/products-infectious/products-infectious-oraquick.asp
[Pat97]	Patel N, Davies M. C., Hartshorne M., Heaton R. J., Roberts C. J, Tendler S. J. B., Williams P. M., *Immobilization of Protein Molecules onto Homogeneous and Mixed Carboxylate-Terminated Self-Assembled Monolayers*, Langmuir, 13, 1997, 6485-6490
[Pop02]	Popat K. C., Johnson R.W., Desai, T. A., 2002 Surface and Coatings Techno., 154, 2002, 253-261
[Pier12]	http://www.piercenet.com/instructions/2160650.pdf
[Pil03]	Piletsky S., Piletska E., Bossi A., Turner N., Turner A., Biotechnol. Bioeng., 82, 2003, 86
[Pei10]	Pei Z., Anderson H, Myrskog A., Dunér G., Ingemarsson B., Aastrup T., *Optimizing immobilization on two-dimensional carboxyl surface: pH dependence of antibody orientation and antigen binding capacity*, Analytical Biochemistry, 398, 2010, 161–168
[QuiVu]	http://www.axis-shield.com/fr-ch/switzerland/quickvue-hcg
[Raj09]	Raj. J, Herzog G., Manning M., Volcke C., MacCraith B.D., Ballantyne S., Thompson M., Arrigan D.W.M., Biosens. Bioelectron., 24, 2009, 2654-2753
[Rid04]	Rida A., Gijs M. A. M, *Manipulation of Self-Assembled Structures of Magnetic Beads for Microfluidic Mixing and Assaying*, Anal. Chem., 76, 2004, 6239-6246
[Rus07]	Rusmini F., Zhong, Z., Feijen J., *Protein Immobilization Strategies for Protein Biochips*, Biomacromolecules, 8, 2007, 1775-1789
[Sal10]	Saliba A. E., Saias L., Psychari E., Minc N., D. Simon, Bidard F.-C., Mathiot C., J.-Y. Pierga J.-Y., Fraisier V., Salamero J., Saada V., Farace F., Vielh P., Malaquin L., Viovy J.-L., *Microfluidic sorting and multimodal typing of cancer cells in self-assembled magnetic arrays*, PNAS, 107, 33, 2010, 14524–14529
[Sam11]	Samanta D., Sarkar A., *Immobilization of bio-macromolecules on self-assembled monolayers: methods and sensor applications*, Chem. Soc. Rev., 40, 2011, 2567–2592
[Sha49]	Shafrin E. G.,W. A. Zisman W. A., J. Colloid Sci., 1949, 4, 571
[Sax00]	Saxon E., Bertozzi C., *Cell surface engineering by a modified Staudinger reaction*, Science, 287, 2000, 2007-2010
[Sch00]	Schreiber F., Progress in Surface Science, 65, 2000, 151
[Sol09]	Sołoducho J., Cabaj J., Świst A., *Structure and Sensor Properties of Thin Ordered Solid Films*, Sensors, 9, 2009, 7733-7752
[Sco95]	Scouten W.H., Luong J.H.T, Brown R.S., Trends Biotechnol., 13, 1995, 178
[Snv11]	http://www.snv.jussieu.fr/bmedia/lafont/dosages/D3.html

[Sta82]	Staros J.V, *N-hydroxysulfosuccinimide active esters: bis(n-hydroxysulfosuccinimide) esters of two dicarboxylic acids are hydrophilic, membrane-impermeant, protein crosslinkers*, Biochemistry, 21, 17, 1982, 3950-3955
[Sta86]	Staros J.V, Wright R.W., Swingle, D.M.; *Enhancement by nhydroxysulfosuccinimide of water-soluble carbodiimide-mediated coupling reactions*, Anal Biochem, 156, 1, 1996, 220-222
[Slo05]	Slovakova M., Minc N., Bilkova Z., Smadja C., Faigle W., Fütterer C., Taverna M., Viovy JL., *Use of self-assembled magnetic beads for protein on-chip digestion*, Lab chip, 5, 2005, 935- 42
[Svo12]	Svobodova Z., Mohamadi M. R., Jankovicova B., Esselmann H.,Verpillot R., Otto , Taverna M., Wiltfang J., Viovy J.-L., Bilkova Z., *Development of a magnetic immunosorbent for on-chip preconcentration of amyloid β isoforms: Representatives of Alzheimer's disease biomarkers*, Biomicrofluidics 6, 2012, 024126
[Tan07]	Tang, D.P., Yuan, R., Chai, Y.Q., 2007a. Clin. Chem. 53, 1323–1329
[Tes11]	Teste B., Kanoufi F., Descroix S., Poncet P., Georgelin T., Siaugue J.M., Petre J., Varenne A., Hennion M.C., 2011. Anal. Bioanal.Chem. 400, 3395-3407
[Ver11]	Verpillot R., Esselmann H., Mohamadi M.R., Klafki H., Poirier F., Lehnert S., Otto M., Wiltfang J., Viovy J.L., Taverna M., Analytical Chemistry 83, 2011, 1696–1703
[Wag12]	Wagner M., Wolf S., Reischies F.M., Daerr M., Wolfsgruber S., Jessen F., Popp J., Maier W., Hull M., Frolich L., Hampel H., Perneczky R., Peters O., Jahn H., Luckhaus C., Gertz H.J., Schroder J., Pantel J., Lewczuk P., Kornhuber J., Wiltfang J., 2012, Neurology 74, 2012, 379–386
[Yan94]	Yan M, Cai S.X, Wybourne, J.M.N., Keana, J. F. W., Bioconjugate Chem. 4, 1994, 151-157

Chapitre V : Elaboration d'un micro-dispositif vibrant

Dans une première partie de ce chapitre, le développement technologique est effectué pour la micro-fabrication d'une puce fluidique test utilisée lors de la fonctionnalisation chimique (**chapitre III, section II.4**) et biologiques (**chapitre IV, section II.2**). Dans une seconde partie, quelques étapes de fabrication du micro-dispositif vibrant seront présentées. Nous verrons que la réalisation du dispositif vibrant n'a pu être que partielle. Enfin le procédé global de fabrication du micro-résonateur sera défini.

I- Micro-fabrication d'une puce fluidique test

I.1- Description de la puce

Dans cette partie, une étude concernant la fabrication du canal fluidique utilisé pour les caractérisations physico-chimiques présentées dans le **Chapitre III** a été effectuée. Il s'agit de réaliser des canaux fluidiques présentant des dimensions compatibles avec la largeur des faisceaux d'analyses et les limites de résolution des techniques de caractérisation physico-chimiques utilisées (optique, XPS, FTIR). Il faut également pouvoir accéder à la surface du canal pour effectuer l'analyse. Ainsi, le capot doit donc être transparent pour permettre une détection optique lors des tests fluidiques et amovible pour réaliser les caractérisations.

Pour répondre à ces contraintes, notre choix s'est porté sur la réalisation de canaux de silicium (un matériau identique à celui du micro-résonateur final) recouvert d'un capot de PDMS, avec un collage suffisamment intense afin de rendre le canal étanche pour l'écoulement du fluide, tout en ayant un collage réversible afin de rendre accessible le canal pour les caractérisations de surface.

Dans le cadre d'une collaboration avec la plateforme spectroscopique de l'Université de Versailles Saint Quentin, les mesures XPS sont effectuées avec un spot d'analyse d'un diamètre de 400µm : la largeur du canal fluidique a donc été fixée à 1mm. Le procédé d'élaboration de la puce présente deux parties distinctes : la fabrication des canaux de silicium et du couvercle de PDMS.

II.2- Gravure du canal en phase liquide

Pour des questions de facilité de procédé, nous avons choisi de graver les canaux en phase liquide par un mélange d'acide fluorhydrique (HF), l'acide nitrique (HNO_3) et l'acide acétique (CH_3COOH), plus communément appelé HNA (**Figure V. 1**). La nature isotrope de la gravure n'est pas gênante ici car les dimensions sont relativement grandes. La gravure par HNA permet ainsi de conserver une surface de nature polie optique dans le canal.

Le nitrure de silicium comme masque de gravure a été choisi pour sa sélectivité par rapport au silicium dans un mélange de HNA standard. Sa vitesse de gravure est en effet relativement lente (de 30 à 70 nm/min) [**Kov98**] [**Wil03**] [**Mad02**]. Deux techniques de croissance ont été utilisées pour les dépôts de nitrure de silicium : une croissance par LPCVD et une croissance par PECVD. Le nitrure de silicium LPCVD a été réalisé à l'ESIEE (à 800°C, dichlorosilane à 100sccm, NH_3 à 120sccm, 200mtorr). Le nitrure de silicium PECVD a été réalisé à IEF (à 300°C, 2000sccm de SiH_4 à 4%, 20sccm de NH_3, 388Khz, 60W, 550mtorr).

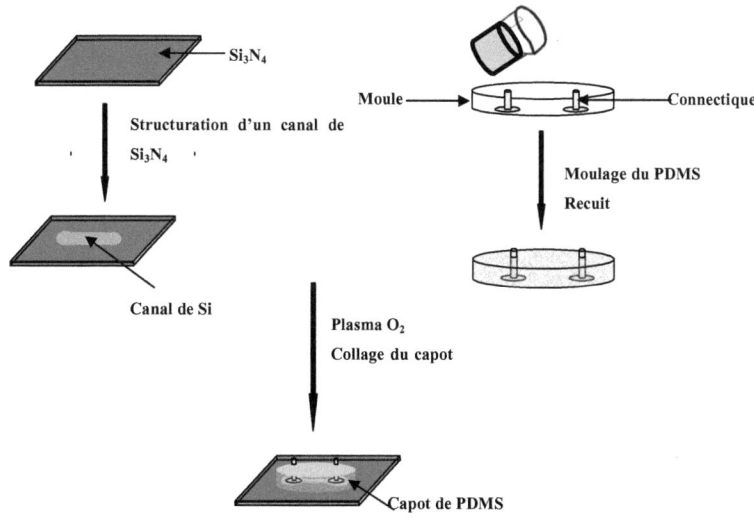

Figure V. 1 : Procédé de fabrication du micro-canal pour la caractérisation de la fonctionnalisation sous flux

La vitesse de gravure est contrôlée par les proportions des trois acides dans le mélange (**Figure V. 2 a**). Ainsi, lorsque la concentration en HF est élevée, les vitesses de gravure sont difficiles à maîtriser et les courbes d'iso-vitesse sont rapprochées. Dans le cas d'une faible concentration en HF, les courbes d'iso-vitesse sont beaucoup plus distinctes. De plus, la rugosité de surface dépend également de la composition du mélange (**Figure V. 2 b**) : la zone 1 est celle ou l'état de surface est le plus lisse, la zone 2 et la zone 3 présente les surface les plus rugueuses.

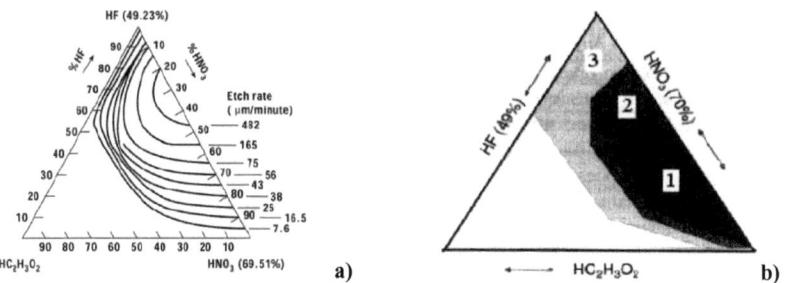

Figure V. 2 : a) Diagramme de la vitesse de gravure du mélange HNA [Jud12], b) zones caractérisées par l'état de surface, suivant la proportion des acides dans le mélange HNA [Lot06]

Une étude préliminaire au laboratoire a permis de mesurer les épaisseurs de silicium gravées par tomographie optique cohérente (**Tableau V.1**) [**Lot06**]. Comme attendu, pour un volume d'acide acétique constant, les rugosités les plus faibles sont obtenues lorsque la teneur en HF est réduite. Nous avons donc choisi de développer plus particulièrement le procédé de gravure en utilisant les deux premières solutions.

Le premier point que nous souhaitons spécifier ici est que nous avons été confrontés à des problèmes de reproductibilité, comme cela a été souvent reporter dans la littérature [**Ste07**] [**Man87**]. Dans un premier temps, nous avons pu observer que le fait que l'une ou les deux faces du substrat soient recouvertes de Si_3N_4 influençait de manière non négligeable le processus de gravure du canal. Ainsi, pour des échantillons gravés pendant 4 minutes avec une face arrière non protégé dans un mélange 12/76/12, nous obtenons une épaisseur de silicium gravée dans le canal comprise entre 42µm et 49µm, alors que cette même valeur d'épaisseur n'est obtenue qu'au bout de 10 minutes lorsque la face arrière du silicium est protégée. De plus, lorsque la face arrière d'un échantillon de silicium n'est pas masquée, une coloration rouge du mélange peut être observée ainsi qu'un dégazage très important de la solution.

Le lien entre la concentration de silicium dissout et la vitesse de gravure a déjà été établi par le passé [**Ste07**]. Aussi nous avons décidé de masquer systématiquement la face arrière de tous les échantillons pour les étapes de gravure.

Des tests de gravure avec les deux proportions sélectionnées précédemment ont été effectués sur des ouvertures de canaux de différentes dimensions. La solution a été agitée tout au long de la gravure par un barreau aimanté déposé à l'intérieur du bain réactionnel. Le profil obtenu par profilomètrie mécanique montre que l'épaisseur gravée sur les bords du motif semble beaucoup plus important que l'épaisseur sur le centre (**Figure V.3**). Cet effet révèle encore une fois l'influence très important de la concentration des réactifs durant la gravure.

De plus, les épaisseurs gravées ont été mesurées par microscopie à balayage électronique (MEB) ou par profilomètrie mécanique (**Tableau V.2**). A la lecture de ces résultats, nous remarquons que nous obtenons les mêmes résultats que l'étude préliminaire : les épaisseurs mesurées par tomographie optique cohérente sont identiques à celles réalisées par profilomètrie mécanique ou par microscope à balayage électronique. De plus, la vitesse semble être constante dans le temps et indépendante de la largeur de l'ouverture du motif gravé.

Le **Tableau V.3** montre les différentes vitesses de gravure obtenues pour les deux de nitrure de silicium utilisés, c'est-à-dire de type PECVD et LPCVD, dans les deux mélanges étudiés. Parmi les résultats obtenus, la plus grande sélectivité est obtenu pour le mélange 12/76/12 et du Si_3N_4 LPCVD. Mais, le nitrure de silicium LPCVD n'est pas disponible au laboratoire. Ainsi, pour faciliter la technologie nous avons donc adapté les épaisseurs de masquage pour le nitrure de silicium PECVD avec le mélange le plus sélectif. Donc, tous les masques sont désormais constitués d'une épaisseur de 500nm, pour permettre d'atteindre une épaisseur de silicium de 50µm de gravure dans la solution 12/76/12.

Proportion d'HF/HNO$_3$/CH$_3$COOH	Le profil 3D de profilomètre optique interférométrique	Rugosité RMS (nm)	Vitesse de gravure (µm/mn)
6/81/12		1	2
12/76/12		8	5
17/71/12		14	6
23/65/12		21	12
44/45/12		67	183

Tableau V. 1 : Rugosité de surface après gravure HNA et vitesse de gravure en fonction de la composition du mélange [Lot06]

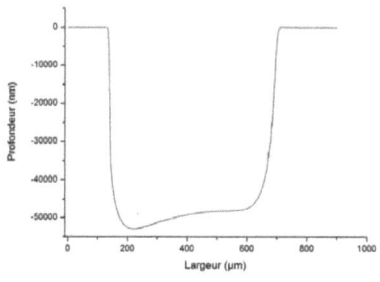

Figure V. 3 : Profil de gravure pour une solution de HNA 12/76/12 mesuré par profilomètre mécanique

Proportion du mélange HF/ HNO₃/ CH₃COOH (en volume)	6/81/12			12/76/12	
Largeur de l'ouverture avant gravure (µm)	8	25	100	50	1000
Temps (min)	1	2	3	1	10
Epaisseur gravée au centre du profil (µm)	2.6	5	8	5	50

Tableau V. 2 : Test de gravure de HNA de proportion 6/81/12 et 12/76/12 pour différentes dimension d'ouvertures

Mélange HNA (en volume)	Vitesse de gravure du Si_3N_4 LPCVD (nm/min)	Sélectivité du Si_3N_4 LPCVD	Vitesse de gravure du Si_3N_4 PECVD (nm/min)	Sélectivité du Si_3N_4 PECVD
6/81/12	–	–	192	10
12/76/12	42	119	64	68

Tableau V. 3 : Vitesse de gravure du Si_3N_4 LPCVD et PECVD dans les mélange HNA 6/81/12 et 12/76/12 mesuré par profilométrie mécanique

Comme nous l'avons déjà précisé, la quantité de silicium dissous et la concentration des réactifs agissent très fortement sur la vitesse de gravure. Aussi, nous avons spécifiquement étudié l'influence de l'agitation [Kov98] [Ste07] [Man87]. Une série de test de gravure a été effectuée en utilisant un masque de plots de 1mm² (**Tableau V.4**). Dans cette étude, les échantillons ont été gravés sans aucune agitation (mode statique), sous agitation magnétique ou sous ultrasons. Le dispositif expérimental pour l'agitation magnétique est constitué d'un bécher en téflon, dans lequel un barreau aimanté a été mis sous un support percé en téflon et où chaque échantillon peut être fixé sur un porte-échantillon (**Figure V.4**).

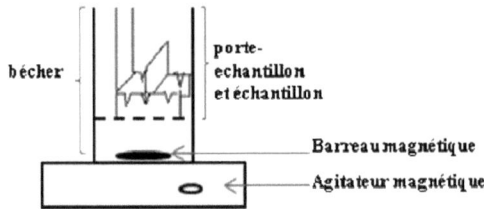

Figure V. 4: Dispositif expérimental pour le mode d'agitation magnétique

Mode d'agitation	Temps (min)	Epaisseur de Si gravée (µm/min)	Vitesse de gravure (µm)
statique	1	4.1	4.1
	2	6.0	3.0
magnétique	1	4.9	4.9
	2	9.7	4.9
ultrason	1	3.6	3.6
	2	5.9	3.0

Tableau V. 4: Etude du rôle du mode d'agitation sur la vitesse de gravure du silicium avec le mélange HNA 12/76/12 pour une ouverture de 1mm

Temps (min)	Epaisseur de Si gravée (µm)	Vitesse de gravure (µm)
4	17.2	4.3
8	35.4	4.4
10	50.7	4.9

Tableau V. 5 : Vitesse de gravure en fonction du temps dans une solution de HNA 12/76/12 pour une ouverture de 1mm pour agitation magnétique

Nous pouvons constater qu'une agitation magnétique, la vitesse de gravure est constante dans le temps. Ceci a été confirmé pour des durées de gravure pouvant aller jusqu'à 10 minutes pour lesquelles nous obtenu toujours une vitesse de gravure d'environ 5µm/min (**Tableau V.5**).

Pour les deux autres modes d'agitation, la vitesse de gravure décroit dans le temps, ce qui semble démontrer une efficacité moindre du mode d'agitation. De plus, dans ces conditions, la surface de silicium apparait piqueté et assez rugueuse.

L'isotropie de gravure a été qualifiée dans la condition optimum d'agitation, c'est-à-dire magnétique (**Tableau V. 6**). Ainsi, comme nous pouvions nous y attendre, la gravure est bien de type isotrope, c'est-à-dire que nous gravons de manière équivalente l'épaisseur et la largeur du motif.

Une fois les canaux formés, il faut sceller avec un couvercle de PDMS. La surface de silicium étant recouverte de la couche de masquage pour gravure HNA en Si_3N_4, nous avons mis au point un procédé de collage avec les deux matériaux.

mélange HNA (en volume)	Temps de gravure (min)	Epaisseur gravée (µm)	Largeur initiale du motif (µm)	(largeur finale–largeur initial)/2 (µm)
12/76/12	1	5.0	10	4.5
	1	5.0	50	4.5
6/81/12	1	2.6	8	3.0
	2	5.0	25	4.5
	3	8.0	100	8.5

Tableau V. 6 : Influence des mélanges HNA 6/81/12 et 12/76/12 sur la largeur du motif lors d'une agitation magnétique

I-3 Elaboration de la puce capotée

I-3.1- Fabrication du couvercle en PDMS

Ce couvercle permet de sceller la puce micro-fluidique en silicium recouvert de nitrure de silicium. Comme nous l'avons déjà précisé, Il faut effectuer un collage qui doit être réversible pour permettre les caractérisations de la surface du canal.
Un capot est réalisé en PDMS de type Sylgard 184® composé du pré-polymère et du réticulant en proportions respectives de 9 : 1 en masse. Après mélange, celui-ci est dégazé dans un dessiccateur relié à une pompe à vide pendant une heure. Le mélange est ensuite soigneusement coulé dans des moules avec des connectiques, puis recuit dans une étuve à 70°C pendant une heure.

I-3.2- Etude de l'efficacité du collage du couvercle PDMS-substrat

I-3.2.1- Généralités concernant le collage de surfaces en utilisant un plasma O_2

Pour le collage du PDMS sur une surface, les propriétés de surface du PDMS sont modifiées par des traitements physique et chimique. Le traitement le plus utilisé est le plasma de dioxygène. Dans ce cas, les groupements $-O-Si(CH_3)_2$ présent à la surface du PDMS qui sont exposés à un plasma O_2 génèrent des groupements silanols $-O-Si-OH$ qui se substituent aux groupements méthyles ($-CH_3$) [Bhat05]. Le problème de ce traitement est sa stabilité dans le temps : le PDMS retrouve peu à peu ses propriétés initiales et redevient hydrophobe. En effet, la modification de la surface n'est efficace que pendant 30 minutes [Mur98]. Pour garantir une stabilité du collage dans le temps, des traitements supplémentaires peuvent être effectués après le plasma O_2 : un dépôt de films organiques [Tal06] [Bod06] ou un recuit du film de PDMS après collage [Tan06].

Les modifications de surface des matériaux ayant subi un traitement par plasma O_2 peuvent être qualifié par la valeur de l'angle de contact θ (**Annexe C**). La mesure de la mouillabilité des surfaces renseigne sur les points d'adhérence des matériaux. Ainsi plus l'angle de contact est faible, plus la mouillabilité de l'échantillon est grande et plus le collage est généralement efficace [**Bhat05**].

I-3.2.2- Etude de la mouillabilité de surfaces de PDMS traitées par plasma O_2

Suites à des études précédentes, nous avons voulu évaluer les modifications de surface qui peuvent affecter une surface de PDMS dans les conditions classiques de traitement du laboratoire avec un plasma d'oxygène à une puissance de 160W, une pression de 0.5mbar, avec un temps d'exposition de 1 minute. Une étude de l'évolution de l'angle de contact du PDMS a été effectuée en fonction du temps d'exposition de l'échantillon de PDMS à l'air (**Figure V.7**). Le réacteur à plasma utilisé est le bâti Pico 2 DIENER® (type LF, 40kHz, puissance variable de 200W). La mesure de l'angle de contact est réalisée à l'aide du goniomètre OCA20 Datapysics Instruments® en utilisant la méthode dite ''Sessile Drop'' et le modèle Laplace-Young (**Annexe C**).

Cette étude montre qu'il existe deux régimes correspondant à une phase de décroissance et de croissance de l'angle de contact. En premier lieu, le traitement plasma O_2 fait chuter énormément la valeur de l'angle de contact du PDMS. Au delà d'un temps de vieillissement de 10 minutes, l'angle de contact augmente indiquant que l'efficacité du plasma O_2 diminue rapidement. Ainsi, l'angle de contact augmente pour tendre vers la valeur de l'angle de contact du PDMS sans traitement de surface (112°). Cela est dû à une réorganisation chimique à la surface du matériau : les groupements silanols créés par le traitement plasma diminuent à la surface du PDMS. Ainsi le PDMS retrouve donc peu à peu ses propriétés initiales. Cette étude montre donc bien l'instabilité du traitement plasma O_2 sur des surfaces de PDMS : elle est en accord avec celle réalisée par S. Bhattacharya bien que non poursuivie au delà de 30 minutes [**Bhat05**].

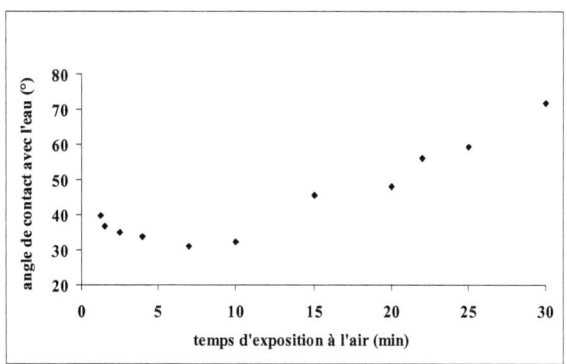

Figure V. 5 : Evolution de l'angle de contact du PDMS avec l'eau en fonction du temps d'exposition à l'air pour un traitement plasma O_2 à 0.5mbar et 160W pendant 1minute

I-3.2.3- Test de collage de couvercle PDMS sur des surfaces

Dans un premier temps, nous avons voulu savoir s'il était plus efficace d'enlever la couche de nitrure de silicium qui recouvre le substrat micro-structuré et de la remplacer par de la silice pour obtenir un collage réversible, ou encore garder la couche de nitrure de silicium utilisée comme masque de gravure. Nous avons réalisé le plasma O_2 sur des surface de PDMS, de Si (avec couche d'oxyde natif), de SiO_2 (oxydation thermique sèche, 100nm), de Si désoxydé par BHF et de Si_3N_4 (de type LPCVD, 150nm réalisé à ESIEE et de type LPCVD, 500nm).

Pour procéder au collage, des conditions différentes de plasma ont été testées. La force de scellement a été qualifiée en essayant de décoller manuellement le capot de PDMS en insérant une pince entre le substrat et le couvercle (**Figure V. 6**). Le collage est alors jugé soit non décollable, soit fort, moyen ou faible. Les échantillons qui ont pu être décollé après traitement sont immédiatement remis en contact et laissé toute la nuit au repos. Des essais de décollement ont été entrepris sur les mêmes échantillons dès le lendemain matin.

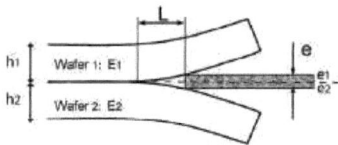

Figure V. 6 : Schéma du test d'adhérence d'un scellement

I-3.2.3.a- Traitement plasma du substrat et du couvercle de PDMS

Une première étude a été effectuée en insérant simultanément dans l'enceinte, le couvercle de PDMS et le substrat (**Tableau V. 7 et Tableau V. 8**).

Une première série d'essai de collage a été réalisée à 128W, à une pression de 0.55mbar et un temps d'exposition de 18 secondes (**Tableau V. 7**). Juste après application du plasma, il existe une différence de collage pour les surfaces de silice native, de silice thermique et de silicium désoxydé. Ainsi, l'adhérence entre les matériaux est immédiatement irréversible pour l'échantillon de SiO_2. Par ailleurs, pour l'échantillon de silicium avec couche d'oxyde natif, l'adhérence est forte et réversible, pour l'échantillon de silicium désoxydé est faible. Ce résultat s'explique par la nature même des surfaces. En effet, la surface du silicium désoxydé est initialement dépourvue de groupements hydroxyles : le traitement par plasma n'est pas suffisamment intense pour générer des groupements silanols stables à la surface du substrat et permettre la création de liaisons avec le capot de PMDS à court terme. Par contre, les substrats de silice contiennent naturellement des liaisons Si-OH à la surface. Enfin, la silice thermique contient une forte concentration de groupement silanols, ce qui induit un collage beaucoup plus favorable. D'autre part, le collage d'un substrat de nitrure de silicium est moyen. Cela peut s'expliquer par le fait que pour ce matériau, les liaisons mises en jeux sont autres que les liaisons silanols. Le collage devient irréversible au bout d'une journée pour les substrats de silice.

Substrat traité	Qualité du collage	Qualité du collage au bout de 16h à 24h de repos
SiO_2	non décollable	non décollable
Si	collage fort	non décollable
Si désoxydé	collage faible	collage moyen
Si_3N_4	collage moyen	collage moyen

Tableau V. 7 : Collage de PDMS traité par plasma O_2 sur Si, Si désoxydé, SiO_2, Si_3N_4 traité par plasma O_2, pour une durée de 18s à une pression de 0.55mbar et une puissance de 128W

Une seconde série d'essai de collage a été réalisée à 48W, à une pression de 0.4mbar et un temps d'exposition de 18 secondes (**Tableau V. 8**). Pour un substrat de silicium avec couche natif d'oxyde, il n'y a pas de collage quelque soit le temps de repos. Pour les échantillons de silice native et la silice thermique, les collages sont forts au bout de seulement 4 minutes. Concernant les échantillons de nitrure de silicium, le collage est moyen. De plus, la silice native et la silice thermique et le nitrure de silicium, les collages se sont trouvés être irréversibles au bout d'une nuit. Néanmoins, il n'y a pas eu de modification de la qualité de collage pour l'échantillon de silicium désoxydé après 24 heures de repos.

Pour les échantillons dont le collage est faible ou moyen, afin d'améliorer la qualité du collage, un recuit à 70°C pendant une durée d'une heure a été effectué : il n'a permis aucune amélioration du collage. Ce traitement n'a donc pas été accompli pour les expériences ultérieures.

Substrat traité	Qualité du collage	Qualité du collage au bout 16h à 24h de repos
SiO_2	collage fort	non décollable
Si	collage fort	non décollable
Si désoxydé	collage faible	collage faible
Si_3N_4	collage moyen	non décollable

Tableau V. 8 : Collage de PDMS traité par plasma O_2 sur Si, Si désoxydé, SiO_2, Si_3N_4 traité par plasma O_2, pour une durée de 18s à une pression de 0.4mbar et une puissance de 48W

Compte tenu de ces résultats, nous avons dû moduler la qualité du collage pour obtenir un collage réversible. Nous avons opté de moduler la qualité du collage par le changement de la puissance, du temps d'exposition et éventuellement, par limiter le traitement qu'au substrat ou qu'au capot de PDMS.

I-3.2.3.b- Traitement plasma du couvercle de PDMS

Compte tenu du fait que l'étude menée précédemment n'a pas permis de réaliser un collage réversible afin de pouvoir accéder au canal après greffage et procéder aux caractérisations de surface du canal, nous avons ainsi dégradé les conditions de traitement : la première voie a été de ne traiter que le capot de PDMS. Nous avons décidé d'utiliser un substrat de silicium afin d'avoir les conditions les plus défavorables au collage **(Tableau V. 9)**.

Nous avons fait varier le temps d'exposition au plasma. Pour une pression de 0.4mbar et une puissance de 48W, l'augmentation du temps de 18 secondes à 1 minute démontre que l'augmentation du temps détériore la qualité du collage. Pour un temps d'exposition très court au plasma, typiquement 6 secondes, le collage est permanent. Néanmoins, nous avons remarqué qu'un temps d'exposition court implique une instabilité du plasma dans le réacteur utilisé : les tests avec un temps d'exposition de 6 secondes n'ont donc pas été poursuivis.

Substrat	Temps d'exposition (s)	Qualité du collage	Qualité du collage au bout 16h à 24h de repos
Si	18	non décollable	non décollable
Si	6	non décollable	non décollable
Si	60	incollable	non collage
Si désoxydé	18	collage moyen	collage faible

Tableau V. 9 : Tests de collage de PDMS traité par plasma O_2 à 0.4mbar et 48 W sur un substrat de Si non traité par plasma O_2

Concernant le silicium désoxydé, pour un temps d'exposition de 18 secondes, le collage est moyen au bout de quelques heures et il est faible après 24 heures de repos. Ce phénomène confirme qu'une surface dépourvue de groupements silanols implique des conditions de collage défavorables. A partir de ce moment nous avons donc décidé d'abandonner le collage avec du silicium désoxydé. Par ailleurs, il nous a paru illusoire d'utiliser ce matériau pour la fonctionnalisation des canaux. En effet, une surface sans groupement OH est défavorable à la réaction de greffage d'un organosilane et produit donc des rendements de silanisation faible.

I-3.2.3.c- Traitement plasma du substrat

Nous avons décidé d'effectuer cette fois-ci le traitement plasma uniquement sur la surface du substrat pour obtenir un collage réversible **(Tableau V. 10** et **Tableau V. 11)**.
Une série d'essais a été effectuées à une pression de 0.55mbar, une puissance de 128W et un temps d'exposition au plasma de 180s **(Tableau V. 11)**. Pour avoir un collage réversible, nous nous sommes ainsi placés dans des conditions défavorables, c'est-à-dire avec un temps d'exposition et une puissance importante. Sur des surfaces de silice thermique, de silicium recouvert d'une couche native d'oxyde, le collage est moyen. Ce collage ne garantit donc pas

un collage suffisamment fort pour la circulation d'un fluide dans les canaux de manière étanche.

Substrat traité	Qualité du collage	Qualité du collage au bout de 16h à 24h de repos
SiO_2	collage fort	collage moyen
Si	collage moyen	collage moyen

Tableau V. 10 : Tests de collage sur Si et SiO_2 traités par plasma O_2 à une pression de 0.55mbar et une puissance de 128W et avec un temps d'exposition de 180s

Une seconde série d'essais a été effectuée à une pression de 0.4mbar et une puissance de 48W et un temps d'exposition au plasma de 18s (**Tableau V. 11**). Le collage du silicium avec couche d'oxyde natif est moyen pour un temps d'exposition de 18 secondes.

Un matériau a été particulièrement adapté pour réaliser un collage assez résistant dans le temps et tout aussi facile à décoller : le nitrure de silicium. Ce collage est de très bonne qualité et cela même après avoir été décollé plusieurs fois, ce qui nous permet d'ajuster lors du contact des surfaces l'alignement des connectiques présents sur le capot PDMS par rapport aux réservoirs présents sur la micro-puce. De plus, des tests micro-fluidiques ont montré que le collage est assez fort pour permettre le passage d'une solution dans le canal, tout en conservant une certaine facilité de décollement pour effectuer les caractérisations de surface du canal.

Substrat traité	Qualité du collage	Qualité du collage au bout 16h à 24h de repos
Si	collage moyen	non décollable
Si_3N_4	collage moyen	très bon collage

Tableau V. 11 : Tests de collage sur Si, Si_3N_4 traité par plasma O_2 à une pression de 0.4mbar, une puissance de 48W et un temps d'exposition au plasma de 18s

Au cours des différents tests de collage effectués, il s'est avéré que la qualité du collage dépend de la nature du Si_3N_4 déposé. Ainsi pour du Si_3N_4 de type LPCVD, le traitement plasma appliqué uniquement à la surface fournit un collage irréversible alors que pour les même conditions de plasma, le collage est de qualité moyenne lorsque le Si_3N_4 est de type PECVD. Dans le cas d'un film de Si_3N_4 de type PECVD, le collage n'est pas assez intense pour permettre un greffage sous flux : ainsi le capot se décolle lors des tests d'étanchéité à l'eau. Ce résultat nous a donc obligé de revenir à une condition écarté lors de la première étude de collage pour le Si_3N_4 de type PECVD : le plasma O_2 à une puissance de 48W, une pression de 0.4 mbar et un temps d'exposition de 18s, est appliqué sur la surface de Si_3N_4 et capot de PDMS simultanément. Dans ces conditions, le collage est suffisamment fort pour permettre le passage d'un fluide et suffisamment réversible pour avoir accès au canal après le greffage.

I.3.3- Récapitulatif du procédé complet de fabrication de la puce fluidique

La première étape de fabrication de la micro-puce est la structuration du canal. Un masquage du silicium est réalisé à l'aide de Si_3N_4 de type PECVD. Une épaisseur de 500nm est déposée sur les deux faces d'un substrat de silicium 4 pouces (100). Une lithographie est réalisée sur le substrat (résine S1818, recuit de 1 minute 30 à 115°C, insolation à 60mJ/cm^2). Le nitrure présent dans le canal est gravé dans une solution de BHF (vitesse de gravure de 13nm/min) (**Figure V. 9 a**). Le canal de silicium est gravé, comme nous l'avons déjà décrit précédemment, à l'aide d'un mélange composé de 12ml d'HF à 50%, 12ml de CH_3COOH et 76ml de HNO_3 à 69.5%. Pour graver 50µm de silicium, il est nécessaire de laisser réagir l'échantillon dans le mélange 10 minutes en agitant manuellement le substrat (**Figure V. 9 b**).

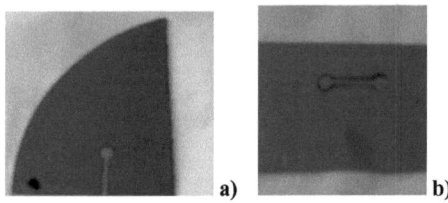

Figure V. 7 : Photographie d'un canal gravé : a) au BHF et b) au HNA

Le collage du couvercle est réalisé immédiatement après. Compte tenu des dimensions de la micro-puce, le capot de PMDS contenant les connectiques et le substrat structuré sont mis en contact manuellement en évitant la formation de bulle d'air (**Figure V. 10**).

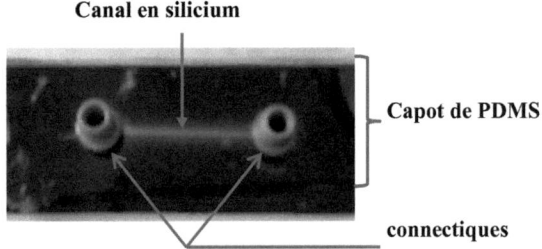

Figure V. 8: Image du dispositif final

II- Elaboration et scellement des micro-canaux pour fabrication du dispositif vibrant

II.1- Présentation de l'étude

Dans cette partie, nous allons traiter de la fabrication de micro-canaux en silicium pour un biocapteur de type micro-poutre. Afin de répondre aux contraintes de dimensionnement de la micro-poutre, l'optimisation des conditions de gravure sera exposée. Pour obtenir une micro-poutre à canaux fluidiques enterrées dans la structure, il semble nécessaire d'avoir des canaux étanches aux fluides. Afin de palier à cette difficulté, différents essais de rebouchage de micro-canaux par croissance et dépôt de matériaux seront aussi présentés.

II.2- Gravure effective des canaux

II.2.1- Description de l'étude de gravure

La technique de gravure isotrope de canaux de silicium présentée dans la **section I** n'est pas adaptée aux canaux de grande largeur et profondeur (quelques dizaines de microns). Dans le cadre de la fabrication d'un micro-dispositif vibrant de type micro-poutre, les canaux ne doivent faire que quelques micromètres de large. De plus, ces canaux doivent être rebouchés pour permettre le passage d'un fluide dans la structure de la micro-poutre : ainsi plus la largeur des canaux est grande, plus il nous sera difficile de reboucher ceux-ci. Ainsi en utilisant une gravure isotrope, nous aurons forcement un élargissement important de la largueur des canaux et ce d'autant plus que l'épaisseur gravée sera grande. Nous avons ainsi opté pour la méthode de gravure sèche afin de fabriquer les canaux de la micro-poutre (**Annexe J**).

II.2.2- Gravure des canaux

Comme il nous faut conserver une surface de greffage assez importante à l'intérieur du canal pour permettre une fonctionnalisation performante, nous mis au point un procédé de gravure permettant d'obtenir un profil de gravure avec une largeur de la section émergeante faible et conserver un canal de largeur importante (**Figure V. 9**). La section émergente doit être la plus petite possible à savoir d'environ 2μm. Le procédé de gravure réalisé se décompose ainsi en trois étapes. La gravure anisotrope doit être effectuée sur une profondeur supérieure à celle de la largeur du canal. Puis, les parois verticales doivent être parfaitement passivées pour permettre ensuite une gravure isotrope dans le fond du motif.
Pour définir les motifs, une lithographie optique est réalisé sur du silicium en utilisant de la résine S1813 (Microposit®). Afin de réalisé ce profil de gravure particulier, nous avons utilisé un bâti de DRIE STS à la CTU de l'IEF à une fréquence de 13.56MHz.
Lors de la gravure anisotrope, la séquence gazeuse utilisée est constitué de SF_6 et C_4F_8 : le SF_6 permet une gravure spontanée du silicium et le C_4F_8 de passiver les flancs de gravure et donc d'empêcher le phénomène de sous-gravure **[Ayon99] [Kii99]**. La gravure est réalisé à 10°C afin d'avoir des flancs parfaitement verticaux, à un débit de SF_6 de 450sccm et une pression de 80mtorr, avec une phase de gravure de 3s et de passivation de 2s. Après l'étape de gravure anisotrope, les flancs sont passivés en élaborant un film de C_xF_y de type téflon (200scccm de C_4F_8, temps de 30s, pression de 120mtorr.
Enfin, la dernière étape de gravure est une étape de gravure isotrope permettant de former la cavité des canaux. La gravure anisotrope est possible grâce à l'incorporation d'O_2 (45sccm) et de SF_6 (450sccm). La pression est définie à 200mtorr tout au long du procédé de gravure.
Pour répondre à la problématique de la micro-poutre qui impose d'avoir des ouvertures de petites largeurs afin de pouvoir les reboucher facilement, nous nous sommes intéressés plus spécifiquement à des ouvertures de 2 à 15μm de large.

Figure V. 9: Schéma du profil de gravure d'un micro-canal souhaité pour micro-canaux du dispositif vibrant

II.2.2.1- Gravure anisotrope des canaux

Pour l'étape de gravure anisotrope, deux débits de C_4F_8 ont été testés (**Tableau V.12**). Nous constatons que la variation du débit de C_4F_8 n'influe pas la vitesse de gravure. De plus, l'étude du profil de gravure 100sccm par MEB pour une gravure de 5 minutes, montre que les flancs de gravures sont parfaitement verticaux (**Figure V. 13**).

Le résultat est néanmoins à nuancer. En effet, pour une gravure de 10 minutes réalisée à 100sccm, l'observation du profil de gravure montre que les flancs sont mal définis niveau de la section émergente du motif (**Figure V. 11**). Ce résultat peut être dû à une consommation totale du masque de résine lors de la gravure conduisant à une gravure du silicium présent sous le masque de résine. Cela signifie donc que la sélectivité de la résine utilisée est faible dans ces conditions.

C_4F_8 (sccm)	Temps de gravure (min)	Vitesse de gravure (µm/min)
100	5.0	2.7
	10.0	2.8
200	1.5	2.9
	2.0	2.8

Tableau V. 12 : Vitesse de gravure pour l'étape de gravure anisotrope par Deep RIE caractérisé par MEB

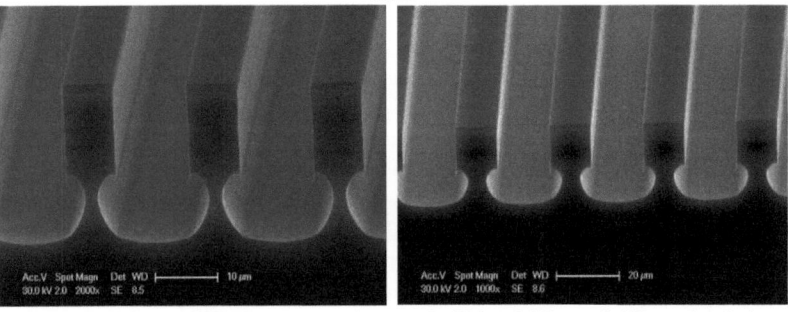

Figure V. 10: Images MEB de gravures anisotrope de silicium à 100sccm de SF_6 pendant 5min

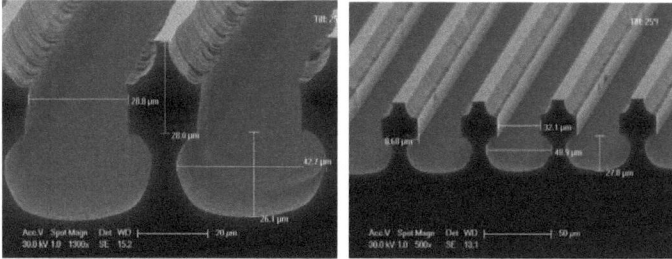

Figure V. 11: Images MEB de gravures anisotropes du silicium à 100sccm de SF_6 pendant 10min

Dans tous les cas, une rugosité apparait sur les flancs de gravure (**Figure V. 12**). Cet effet est dû aux cycles de gravures lors du procédé Bosch, appelé l'effet "scalloping" **[Chen02]**. Cependant, ce phénomène, qui augmente la rugosité des flancs, peut être diminué en optimisant le nombre d'alternance des cycles de passivation et de gravure.

Figure V. 12: Image MEB d'un substrat de silicium après gravure isotrope à 200sccm de SF_6 pendant 2min pour un motif de 2μm de large

II.2.2.2- Gravure isotrope des canaux

Pour l'étape de gravure isotrope, compte tenu du profil de gravure particulier, deux vitesses sont définies : une vitesse normale et une vitesse latérale (**Figure V. 13**). Dans cette série de test, les débits de gaz sont maintenu constants, seul le temps de gravure est modifié (**Tableau V.13**).

Nous observons que la vitesse de gravure dépend du temps de gravure. Cela peut être expliqué par le fait que la quantité de silicium présente est différente en fonction du temps de gravure. Il est largement admis que la vitesse de gravure dépend de paramètre géométrique macroscopique tel que le pourcentage d'ouverture du masque **[Kii99]** (effet "microloading"). Dans ce cas, la vitesse de gravure varie suivant la quantité locale de matériau à graver. Il est provoqué par un effet de charge local dû à un appauvrissement local des espèces réactives du plasma au voisinage des zones de forte densité de motifs **[Zel10]**.

Chapitre V : Elaboration d'un micro-dispositif vibrant

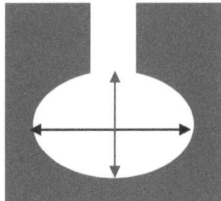

Vitesse normale

Vitesse latérale

Figure V. 13: Définitions de la vitesse latérale et normale pour une gravure isotrope du silicium

Temps de gravure (s)	Vitesse de gravure normale (µm/min)	Vitesse de gravure latérale (µm/min)
180	14.2	9.2
90	8.0	12.0
90	7.5	11.5
60	7.1	7.7
45	8.4	12.4
30	3.6	7.0

Tableau V. 13 : Vitesse de gravure pour l'étape de gravure isotrope par Deep RIE caractérisé par MEB

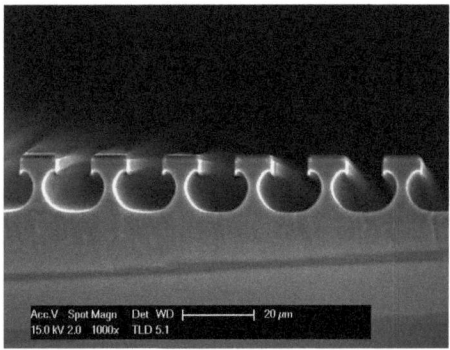

Figure V. 14: Image MEB d'un substrat de Si après une gravure isotrope de 90s avec des motifs d'une largeur de 10µm

Avec un temps de gravure de 60s, nous notons une influence de la largeur de l'ouverture dans la vitesse de gravure (**Figure V. 15**). Ainsi plus l'ouverture est large, plus la taille de la cavité est importante. Ce phénomène est communément appelé "ARDE" (Aspect Ratio Dependent Etching) **[Wal01]**. En effet, pour les petits motifs, la vitesse de gravure du matériau dépend de la taille des ouvertures dans le masque de gravure : plus le motif est étroit moins, il se grave. C'est pourquoi, les tranchées de faible largeur sont gravées plus lentement que les tranchées de plus grand largeur. Ce ralentissement de la vitesse de gravure conduit à une variation de la profondeur gravée en fonction de la taille de l'ouverture du motif, et donc du facteur de forme. Le facteur de forme, s'accentuant au cours de la gravure, rend plus difficile l'accès des espèces au fond du motif, ce qui a pour effet de ralentir progressivement la gravure. La vitesse de gravure va alors diminuer au fur et à mesure que le facteur de forme augmente.

Compte tenu des résultats obtenus précédemment, nous avons effectué des gravures de 60s, 45s et 30s, plus spécifiquement sur une ouverture de 2μm de large (**Tableau V. 14**). Au regard des épaisseurs gravé, nous observons qu'un temps de 30s révèle une cavité de trop faible épaisseur : le temps de gravure de l'étape isotrope est peu important et induit des dimensions trop faibles.

Avec un temps de gravure de 60s, nous obtenons des motifs gravés avec une ouverture initiale de 2μm parfaitement définie (**Figure V. 16**).

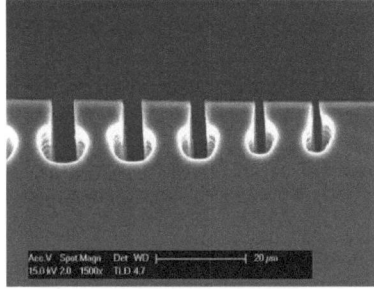

Figure V. 15: Image MEB d'un substrat de Si après une gravure isotrope de 60s d'un réseau de motifs de largeurs variant de 2μm à 15μm

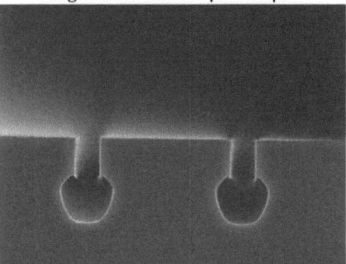

Figure V. 16: Image MEB d'un substrat de Si après une gravure isotrope de 60s pour une section émergente d'une largeur de 2μm

II.2.2.3- Conclusion

Compte tenu des résultats obtenus, des temps de gravure de 60s, 45s ont été retenus pour la fabrication de canaux avec une section émergente initiale de 2μm. Les temps de gravures seront choisi en fonction du substrat employé : cela permet d'obtenir des épaisseurs gravées adaptées à l'épaisseur de la couche de silicium présente sur la face avant du substrat de SOI utilisé.

Dans toute la suite de ce chapitre, les dépôts de film seront réalisés sur des micro-canaux de silicium. Un substrat de silicium 4 pouces (100) d'une épaisseur de 525µm est structuré par lithographie optique avec de la résine S1813 (recuit 90s à 115°C, insolation à 46mJ/cm^2) pour obtenir une ouverture d'une largeur maximum de 2.5µm après développement de la résine. Le substrat est gravé par Deep RIE avec le procédé adapté. L'échantillon est enfin nettoyé par de l'acétone, de l'isopropanol, puis par une solution de piranha (H_2SO_4/H_2O_2 : 1/1, 1 heure) afin d'éliminer les dépôts de téflon résultants des cycles de gravures, et avec une solution de BHF.

II.3- Croissance et dépôt de films pour la fermeture du micro-canal

II.3.1- Description de l'étude de rebouchage

Comme exposé dans la section **I.1**, la forme particulière du micro-canal peut permettre de reboucher la section émergente du motif et d'éviter un remplissage important du fond de la cavité du canal (**Figure V. 17**).

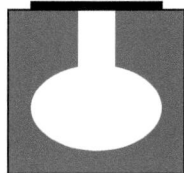

Figure V. 17: Schéma d'un micro-canal après gravure et un rebouchage de la section émergente du motif

Pour répondre aux contraintes de dimension, le choix de rebouchage s'est porté sur des techniques de croissance et de dépôt de films présentes dans un environnement de salle blanche. Afin de pouvoir structurer localement le dépôt pour définir et libérer le micro-dispositif vibrant, les matériaux de rebouchage utilisés sont choisis en fonction de leur propriété de structuration. Dans cette partie, nous allons vous présenter les résultats de rebouchage obtenu par croissance de films inorganiques par évaporation, pulvérisation et PECVD (**Annexe K**), et de dépôt de films organiques par induction : du silicium, de la silice et de la résine.

II.3.2- Différents essais de rebouchage par croissances ou dépôt de films

II.3.2.1- Fermeture des canaux par croissance de film de silicium par évaporation

Dans cette partie, de nombreux essais de dépôt évaporation sous vide ont été effectués avec un matériau qui puisse être compatible avec les étapes de greffage du micro-canal, c'est-à-dire du silicium. Cette technique, très directive, permet d'orienter la croissance sur les flancs de cavités lorsque le substrat est incliné [**Kan05**]. Nous avons effectué des dépôts de silicium sur des micro-canaux dans un bâti e-beam Plassis®, à une pression de 10^{-7}mbar et une vitesse de dépôt de 0.1nm.s^{-1}. Afin de limiter le dépôt au fond de la cavité, le film de silicium a été déposé en inclinant les échantillons d'un angle de 45°.

Un des effets de l'inclinaison du substrat est la diminution de la vitesse de croissance. Ainsi nous avons constaté une variation de l'épaisseur du film de silicium de 15% par rapport à dépôt à l'horizontale de l'épaisseur du film déposé pour un film de 600nm (**Figure V. 18**) et de 30% pour un dépôt de 900nm d'épaisseur (**Figure V. 19**).

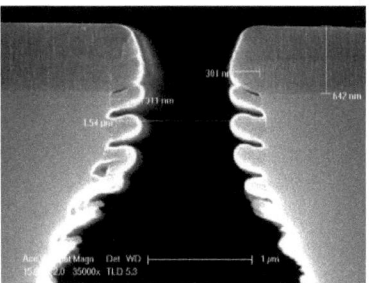

Figure V. 18 : Image MEB d'un substrat de silicium gravé après une gravure anisotrope de 2min, une gravure isotrope de 1min et un dépôt de 600nm de silicium réalisé par évaporation à une vitesse de 0.1nm.s^{-1}

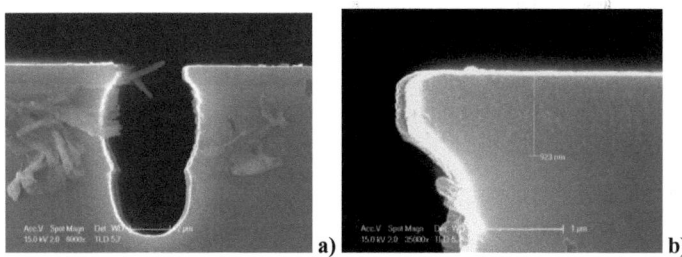

Figure V. 19 : Image MEB d'un substrat de silicium gravé après une gravure anisotrope de 2min, une gravure isotrope de 1min et après un dépôt de 900nm de silicium réalisé par évaporation à une vitesse de 0.1nm.s^{-1}

L'observation par MEB du dépôt montre que le film de silicium n'a pas la même texture que le silicium monocristallin du substrat (**Figure V. 18** et **Figure V. 19**). De plus, la vitesse de dépôt est particulièrement basse et implique donc un temps d'expérience long (2 heures pour un dépôt de 600nm) : dans ces conditions, nous ne sommes pas parvenus à un bouchage complet de l'ouverture (**Figure V. 19**).

Des tests d'attaque des dépôts de silicium par une solution BHF ont montré que le silicium obtenu dans ces conditions se grave très rapidement, ce qui est totalement anormal. Une gravure totale du film de silicium déposé s'effectue en moins de 20 minutes, et démontre que malgré une pression de travail basse (10^{-7}mbar), le silicium déposé est en fait de la silice, un matériau qui pourrait être incompatible avec la suite du procédé de fabrication de la micro-poutre.

Ce résultat a été par ailleurs confirmé par des analyses EDS. Un dépôt de silicium de 200nm a été effectué dans les mêmes conditions de vitesse, de pression et d'inclinaison du substrat. Les analyses ont été effectuées juste après remise sous pression atmosphérique de l'échantillon (**Figure V. 20**). Des spectres ont été effectués à différentes énergies pour déterminer la composition à différentes profondeurs du dépôt (5kV, 3.5kV et 10kV). Quelque soit les énergies appliquées, les spectres EDS montre la présence du pic silicium correspondant au silicium du substrat et du film déposé mais également d'un pic d'oxygène à un taux important (21% à 10kV). Le dépôt de silicium réalisé est ainsi peu dense et poreux.

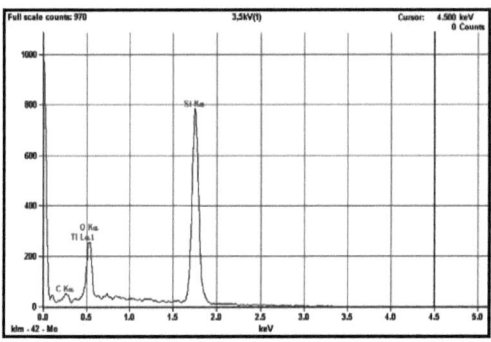

Figure V. 20 : Analyse EDS effectué à 5kV après un dépôt de 200nm de silicium déposé par évaporation à une vitesse de 0.1nm.s^{-1}, à un angle de 45°

II.3.2.2- Fermeture des canaux par croissance de film de silicium par pulvérisation cathodique

Compte tenu de la porosité du silicium déposé par évaporation, nous avons décidé de déposer du silicium par pulvérisation cathodique. Le dépôt de silicium a été réalisé à partir d'une cible 3 pouces (épaisseur de 3mm) incliné à 45°en utilisant le mode RF dans un bâti de pulvérisation cathodique magnétron Denton®, à une pression résiduelle de 10^{-7} Bar. Afin d'avoir la vitesse de dépôt la plus importante, la puissance a été fixée à la valeur maximum du bâti, soit à 180W. L'interface du bâti nous impose un temps maximum de dépôt, les dépôts sont donc réalisés par séquence de pulvérisation, chaque séquence étant composée d'un temps de dépôt de 25 minutes.

Pour cette série de tests, le bâti de Deep-RIE de la CTU de l'IEF n'étant pas opérationnel, les échantillons ont été réalisés par gravure anisotrope par RIE (25% de SF_6, 6% de O_2, pression de 5mtorr, puissance de 100W) (**Figure V. 21**). Deux épaisseurs sont définies : (i) l'épaisseur du film déposé en dehors du motif situé dans la direction parallèle au substrat et (ii) l'épaisseur du film déposé à l'intérieur de la cavité situé dans la direction perpendiculaire au substrat.

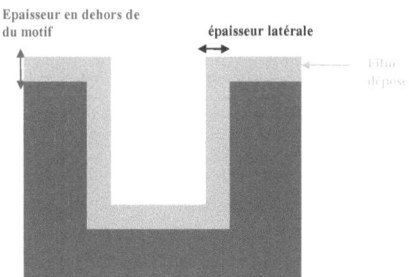

Figure V. 21: Schéma du profil de gravure d'un micro-canal obtenu par RIE

Afin d'améliorer la qualité de la couche déposée, nous avons fait varier la pression d'argon (8µbar, 14µbar, 20µbar). Les conditions de dépôt et les épaisseurs de silicium déposé sur les échantillons sont présentées dans le **Tableau V. 14**.

Pression de travail (µbar)	Nombre cycle de dépôt de 25min	Epaisseur en surface	Epaisseur latérale
8	1	0.50	0.56
	3	0.55	0.67
14	2	0.29	–
	3	0.58	0.62
20	2	0.35	0.65
	3	0.47	0.35

Tableau V. 14 : Dépôt du silicium par pulvérisation cathodique en mode RF à une puissance de 180W

En fonction de la pression d'argon lors du dépôt, la diminution de la pression de travail implique une augmentation de l'épaisseur déposée en surface. De plus, la vitesse de dépôt n'est pas identique à une pression constante. Ainsi, le doublement du temps de dépôt ne produit pas un doublement de l'épaisseur du film, ce que nous avons du mal à expliquer ici. Nous remarquons aussi que le dépôt est conforme.

Tout comme pour l'étude précédant, pour vérifier la qualité du film de silicium déposé, un test d'attaque par une solution BHF a été effectué : la totalité de l'épaisseur du film de silicium déposé a été gravé en moins de 10 minutes. Ainsi, ces tests ont montré que de même que lors de l'évaporation, le silicium déposé est poreux et adopte le comportement de la silice. Ces résultats ont été confirmés par des analyses EDS (**Figure V. 22**).

Comme le montre le spectre d'un dépôt de silicium réalisé à une pression de 14µbar, la hauteur du pic de l'oxygène est très importante. A une énergie de 5kV le taux d'oxygène est de 20%.

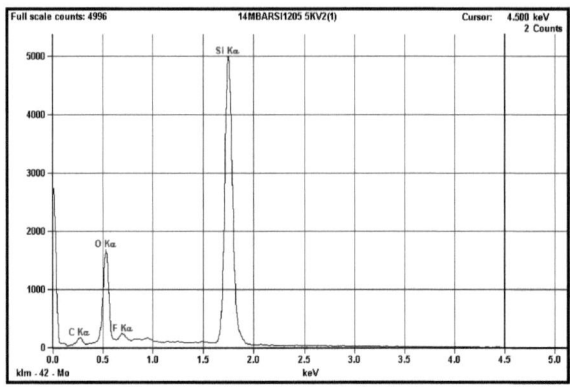

Figure V. 22 : Spectre EDS réalisé juste après un dépôt de silicium déposé par pulvérisation en mode RF à une puissance de 180W, à une pression de 14µbar, effectué à 5kV

Les résultats obtenus nous ont obligés à changer de bâti de pulvérisation. Nous avons utilisé dans cette étude également un bâti de pulvérisation avec magnétron mais il est différents en deux point de celui utilisé précédemment : la distance entre la cathode et le porte échantillon est courte (3cm) et les pressions résiduelles appliquées peuvent être élevées. Ces deux conditions permettent d'obtenir un dépôt isotrope et taux de pureté important. Les dépôts ont été réalisés en mode RF à une puissance de 150W sur des échantillons de silicium avec de l'argon à des pressions de travail de 30mtorr et 40mtorr.

Pression d'argon (mtorr)	Vitesse de dépôt (µm/heure)
40	2.0
30	2.5

Tableau V. 15 : Conditions de dépôts de silicium déposé par pulvérisation en mode RF à une puissance de 150W pour un bâti de pulvérisation cathodique avec une distance cathode échantillon courte

En comparant un dépôt effectué à une pression de 30mtorr et un dépôt réalisé à une pression de 40mtorr, la vitesse de dépôt diminue (**Tableau V. 15**). Ainsi lorsque la pression d'argon augmente, la probabilité de collision des atomes de gaz neutre augmente. Ce phénomène entraîne une diminution du nombre d'atomes éjectés. Le nombre d'atomes arrivant sur l'échantillon diminue donc, impliquant une diminution de la vitesse de dépôt. Notons que dans ce cas, l'épaisseur du film de silicium déposé est directement proportionnelle au temps de dépôt.

Nous avons fait varier les conditions de nettoyage des échantillons pour une pression de 30mtorr. Ainsi, nous avons nettoyé les échantillons soit par une solution de piranha suivi d'une solution de BHF, soit par une solution de piranha ou une solution de BHF uniquement. Nous observons que pour une pression de travail de 30mtorr, quelques soit le temps et les conditions de préparation de l'échantillon, la vitesse de dépôt de silicium est identique.

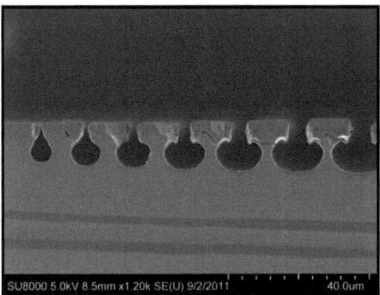 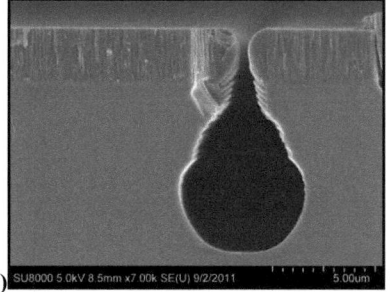

Figure V. 23 : Images MEB silicium après une gravure anisotrope de 2min , une gravure isotrope de 1min et un dépôt de silicium déposé par pulvérisation en mode RF à une puissance de 150W, à une pression de 30mtorr a) d'ouvertures de 2µm à 8µm, b) d'une ouverture de 2µm

La **Figure V. 24** montre que pour un dépôt réalisé à une pression de pression de 30mtorr, le film est dense et adhère bien à la surface du substrat de silicium. De plus, des analyses EDS ont été réalisées sur des échantillons après un dépôt d'une heure à une pression de 30mtorr (**Figure V. 24**). Les spectres réalisés à différentes énergies montrent de la présence d'oxygène. Néanmoins, le taux d'oxygène présent sur la couche de silicium déposé est peu important (≤10%). Ainsi, le film de silicium déposé comporte peu d'impuretés en comparaison au dépôt de silicium réalisé dans les précédentes conditions.

Afin de vérifier la qualité des films de silicium déposé, les échantillons sont plongés dans du BHF juste après la formation du film de silicium (**Tableau V. 16**). Comme dans les cas précédents, les films se sont avérés peu résistants à la solution de BHF. Néanmoins, nous observons une variation de la vitesse de gravure en fonction du nettoyage accomplis. Ainsi, les vitesses de gravures sont plus importante pour les échantillons ayant été nettoyés uniquement avec une solution de piranha que pour ceux ayant été désoxydés par une solution de BHF. Ce résultat peut s'expliquer par la nature chimique de la surface. Ainsi, une surface traitée par une solution de piranha voit croitre à sa surface un film de silice lors du nettoyage : la porosité du film de SiO_2 peut ainsi favoriser une structure poreuse lors de la croissance du film de silicium.

A ce stade, nous pouvons dresser un bilan sur les différentes tentatives des rebouchages effectuées. Les essais de croissance de film de silicium réalisé par évaporation, et pulvérisation ne permettent pas d'avoir un film de silicium non oxydé. Ainsi malgré une optimisation de la condition de dépôt, le film ne résiste pas à une mise en solution dans une solution de HF. Ces résultats peu concluants nous imposent de penser à une tout autre technique de rebouchage que la croissance de couches minces de silicium.

Chapitre V : Elaboration d'un micro-dispositif vibrant

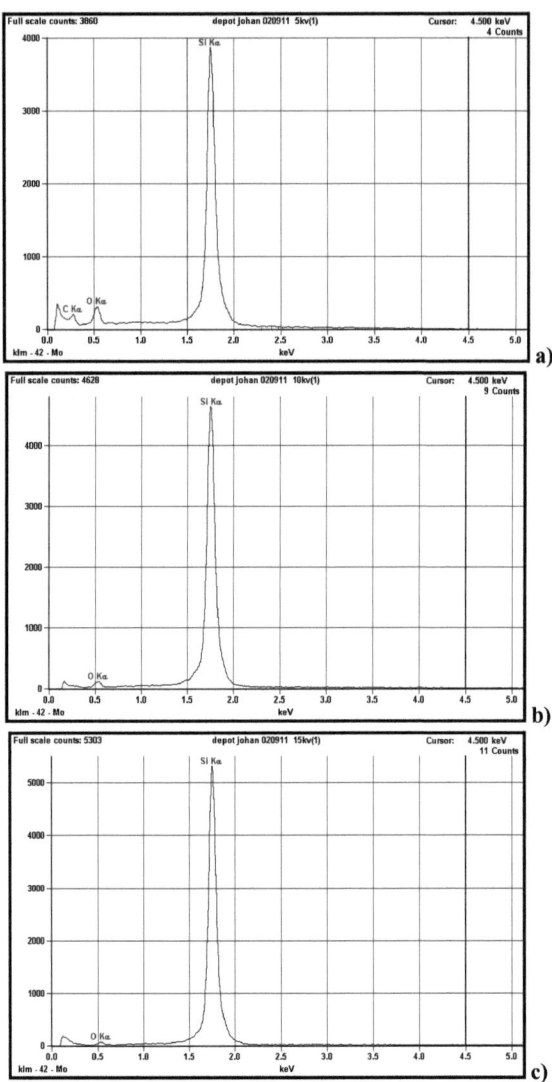

Figure V. 24 : Spectre EDS réalisé juste après un dépôt de silicium d'1 heure déposé par pulvérisation en mode RF à une puissance de 150W, à une pression de 30mtorr, effectué à a) 5kV, b) 10kV, et c) 15KV

	Temps de gravure dans une solution de BHF (min)						Condition de croissance		
	2	4	6	15	30	60	Pression d'argon (mtorr)	Temps de dépôt (min)	Traitement avant dépôt
Epaisseur du film déposé gravée (µm)	2.61	2.91	3.00	—			40	90	piranha
	1.78	2.30	2.46	—			30	60	piranha
	—	0.03	3.11	4.17	4.97		30	120	piranha et BHF
	0.13	1.20	1.56	2.19	—		30	60	piranha et BHF
	_	0.73	1.08	1.50	—		30	60	BHF

Tableau V. 16 : Temps de gravure au BHF pour des dépôts de silicium déposé par pulvérisation en mode RF à une puissance de 150W

II.3.2.3- Fermeture des canaux par un dépôt de silice par PECVD

Nous avons trouvé intéressant de reboucher les cavités par une technique beaucoup plus rapide à mettre en œuvre que l'évaporation ou la pulvérisation : nous avons décidé d'utiliser un bâti de PECVD. Nous avons déposé ainsi un film de 2µm de silice par PECVD dans un bâti STS® (400sccm de SiH_4 à 2% et 1420sccm de N_2O, 250°C, 25 minutes) en mode haute fréquence (13.56MHz) est réalisé sur des canaux de silicium.

Malgré des temps de croissance relativement longs, il ne nous a pas été permis d'obtenir des tranchées parfaitement rebouchées sans que le canal ne soit entièrement comblé : il s'est avéré que les ouvertures de 2µm de large n'ont pas été rebouchées (**Figure V. 25 a**). De plus des dépôts de silice apparaissent sur les parois des canaux (**Figure V. 25 b**).

Bien que facile en mettre en œuvre, cette technique n'a pas été poursuivie en raison de la nature même du matériau le matériau n'est pas adaptée au processus global car la silice peut être gravée au BHF et ne pourra donc pas supporter les nettoyages des canaux avant le greffage de l'organosilane.

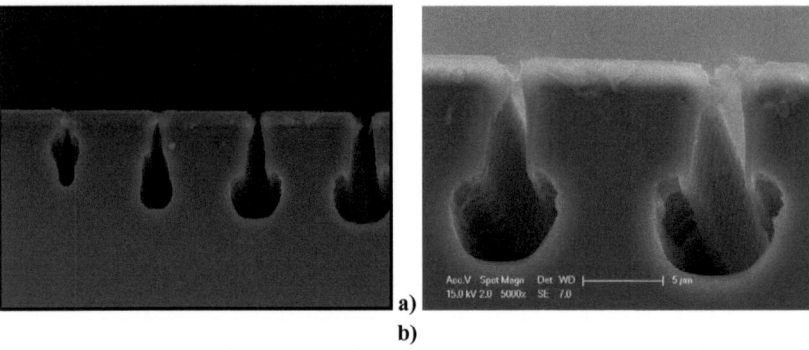

Figure V. 25 : Images MEB d'un substrat de silicium après une gravure anisotrope de 2min, une gravure isotrope de 1min et après un dépôt de 2µm de SiO$_2$ par PECVD d'ouverture de (a) 1µm à 4µm (b) 2µm et 3µm

II.3.2.4- Fermeture des canaux par un dépôt de polymère

Nous avons également tenté de reboucher les cavités avec une technique plus facile et rapide à mettre en œuvre que celle testé précédente, le spin-coating. Dans ce cas, l'épaisseur de la couche dépend essentiellement de la viscosité du produit, du temps et de la vitesse de centrifugation ainsi que de la topographie de la surface induite. Notre choix s'est porté sur une résine visqueuse, de type AZ 4562 (Microchemicals®). La résine est déposée par enrésinement sur des canaux de silicium (vitesse 3500tr/min et recuit 115°C pendant 90s).

L'enrésinement d'un substrat 4 pouces montre que le remplissage des canaux dépend de la dimension de la section émergente du canal (**Figure V. 26 a et b**). Nous avons constaté que le remplissage est plus important pour des ouvertures de petite dimension. Ce résultat implique que la résine flue pour certaines dimensions. Nous observons en particulier que le motif n'est rempli qu'à partir d'une largeur de 10µm (**Figure V. 26 c**). Le remplissage peut être effectif pendant l'induction de la résine, comme il peut l'être lors de l'étape de recuit de la résine. La section émergente est ainsi comblée sans que le canal ne soit lui-même rebouché. Le fait que le fluage de la résine dépende de la dimension des motifs implique que la tension superficielle du liquide est telle que la résine pénètre à l'intérieur des cavités lorsque celles-ci ne sont pas trop étroites sans possibilité de réversibilité du fluage.

Cet exemple est concluant du point de vue du procédé mais ne l'est cependant que partiellement au niveau de la qualité de la structure. En effet, cette technique de rebouchage a très vite été abandonnée à cause des propriétés de solubilité de la résine. Comme le procédé global de fabrication du dispositif vibrant implique d'autres étapes de lithographie, cette technique de rebouchage ne peut être utilisée qu'en changeant de polymère. En effet, la résine AZ4562 peut être remplacée par un polymère non soluble dans les solutions de nettoyage. Cette expérience n'a pas été réalisée faute de temps.

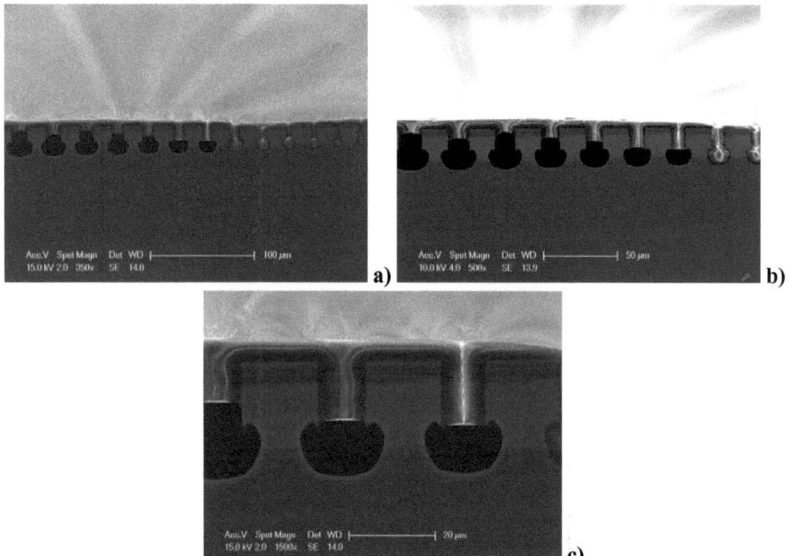

Figure V. 26 : Image MEB d'un substrat de silicium après une gravure anisotrope de 2min, une gravure isotrope de 1min, une induction de la résine AZ 4562 et recuit pour des ouvertures a) de 3 à 15µm, b) de 7µm à 15µm c) de 9 et 10µm

II.3.4- Conclusion

Les différentes tentatives de rebouchage ne nous ont pas permis de sceller des motifs d'une largeur 2µm avec un matériau capable d'être intégré dans le processus globale de fabrication du dispositif vibrant. En effet, les dépôts de silicium par évaporation se sont révélés trop oxydés. De plus, les dépôt de silicium par pulvérisation n'ont pas non plus permis d'obtenir un film de silicium résistant à une solution de HF. Concernant les dépôts de silice par PECVD et de résine AZ4562 par induction, il s'avère que ces matériaux ne sont pas adaptés au procédé global de fabrication de la micro-poutre. Ces résultats peu concluants nous ont donc imposé de penser à une tout autre technique de scellement que la croissance ou le dépôt de film mince.

II.4- Fermeture de la cavité par transfert de motifs

La technique d'encapsulation sur tranche est basée sur l'utilisation d'un film mince ou d'un substrat sur un autre pour sceller une structure. L'encapsulation par couche mince, permet de réduire la taille des encapsulations et de sélectionner localement des composants à encapsuler, le film étant spatialement localisé.

Dans cette partie, des capots sont transférés directement sur les cavités par l'intermédiaire d'un joint de soudure. Plusieurs variantes du procédé de transfert ou de report de films ont été développées ces dernières années. Ce procédé nommé Hexsil a été proposé pour la première fois par le groupe de Howe à l'université de Berkeley. Les capots de films minces sont formés par moulage dans une plaquette micro-usinée et recouverte d'une couche sacrificielle. Après dissolution de la couche sacrificielle, libérant la plaquette micro-usinée, le film est transféré sur la deuxième plaquette comprenant les cavités. Ces capots de scellement sont ensuite collés à l'aide d'un joint de scellement. L'utilisation d'une couche sacrificielle pour le transfert du film mince qui est une couche de faible adhésion (par exemple du téflon) permet aisément la libération mécanique du film [Bra09]. L'équipe de l'IEF bénéficie d'une expérience reconnue dans le domaine du transfert de films.

Le bis-benzocyclobutène (BCB) a été choisi comme polymère de soudure d'une part pour sa température de polymérisation relativement basse (entre 200 et 300°C), pour sa capacité à s'adapter à la topographie de surface du substrat [Jou05], sa résistance au solvant et son faible taux d'absorption d'eau [Fab02] (Annexe L). Pour notre étude, nous utilisons le BCB 4024 de Dow Chemical® qui est photosensible : il se comporte comme une résine, ce qui nous permet donc de structurer la couche de BCB par la technologie classique de lithographie optique.

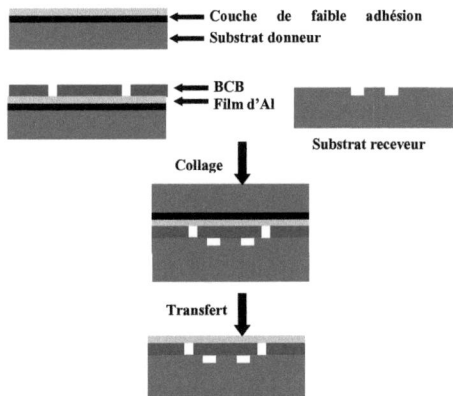

Figure V. 27 : Schéma du procédé de transfert d'un film

Nous avons choisi de faire des reports de capots d'aluminium (**Figure V. 29**). Le schéma de report de motif d'aluminium est présenté par **Figure V. 27**. L'aluminium est déposé par évaporation sur une couche de téflon (200sscm de C_4F_8, 30s, 500mtorr, 20W, à 25°C) recuit à 250°C et structurée par de la résine (AZ5214) par lift-off. L'étape de lithographie du BCB est réalisée sur le substrat donneur. Une étape de dépôt d'un promoteur d'adhérence (AP3000) est réalisée juste avant l'enrésinement du film de BCB (3500tr/min, 30s) et un recuit (110°C, 30s). Le dépôt du film de BCB se fait par enrésinement (3500tr/min, 30s). Après recuit de la résine (90°C, 90s), l'épaisseur du film de résine est d'environ 4µm. Pour structurer BCB, une étape d'insolation (à 175mJ/cm^2) est réalisée. Le substrat est développé DS2100, 4 minutes. Le substrat receveur c'est-à-dire celui contenant les canaux de silicium est collé au substrat donneur de motif (sous vide à 250°C). La dernière étape du procédé consiste en une séparation du substrat donneur de motif du substrat receveur grâce à l'insertion d'une pince à l'interface des deux substrats. Ainsi les forces de liaison entre le BCB et le silicium du substrat receveur ainsi qu'entre le BCB et le film d'aluminium sont

plus importantes que celle entre le film d'aluminium et la couche de téflon : la couche de téflon se casse donc sous l'application d'une force extérieure et le film d'aluminium se décroche du substrat donneur tout en restant collé sur le substrat receveur **(Figure V. 28)**.
La **Figure V. 29** montre un échantillon après un transfert de film d'aluminium : nous constatons que la totalité des motifs d'aluminium est reporté sur le substrat receveur avec succès. De plus, afin de caractériser le scellement des canaux des caractérisations par MEB après transfert ont montrés qu'un scellement sans remplissage de la cavité par le BCB est obtenu jusqu'à une taille d'ouverture de 20µm **(Figure V. 30)**.

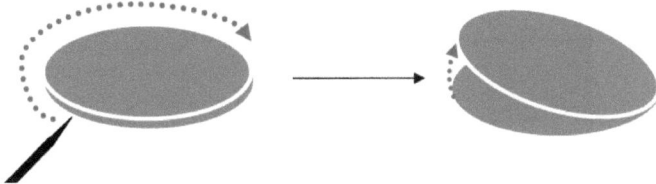

Figure V. 28 : Schéma du principe de libération du substrat donneur et du substrat donneur par insertion d'une pince

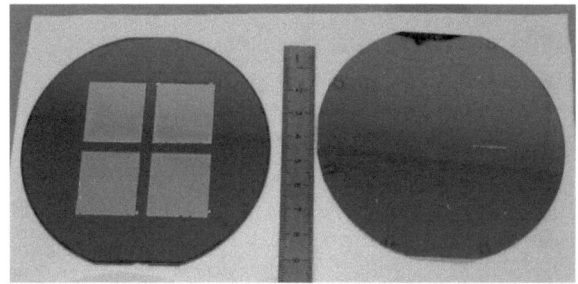

Figure V. 29 : Image d'un substrat receveur (à gauche) et du substrat donneur (à droite) après le transfert d'un film d'aluminium de 1µm d'épaisseur

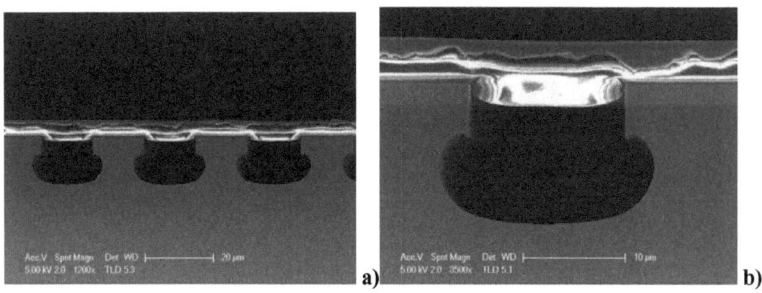

Figure V. 30 : Image MEB après transfert d'un film d'aluminium d'une épaisseur de 1µm a) d'un substrat de silicium, b) d'un motif de 15µm de large

Chapitre V : Elaboration d'un micro-dispositif vibrant

III- Procédé complet de fabrication de la micro-poutre creuse

Compte tenu de ces résultats de scellement prometteur, nous avons développé un procédé de fabrication d'une poutre micro-vibrante basée sur la technique de transfert de motifs. Nous proposons dans cette partie le développement le procédé complet de fabrication du biocapteur résonant.

III.1- Conception du micro-dispositif vibrant

La principale difficulté dû au dimensionnement du dispositif vibrant a été l'intégration du système micro-fluidique et de micro-fabrication de micro-poutre. Pour permettre une libération sélective et contrôlé de la poutre, la fabrication du dispositif vibrant est réalisée sur un substrat SOI.

Concernant l'aspect micro-fluidique, le défi a été double. La problématique nous impose de pouvoir avoir un système micro-fluidique accessible pour l'injection et l'expulsion des fluides et une facilité de scellement. L'encombrement des équipements de caractérisation et du système d'injection des fluides dans la micro-puce, nous a poussé à définir un système micro-fluidique en forme de T. La longueur maximum des canaux est de 2.5cm et l'espacement entre les réservoirs est de 2cm (**Figure V. 31**). Cette configuration permet d'obtenir 4 dispositifs vibrants par substrat 4 pouces (**Figure V. 32**).

De plus, les tubes micro-fluidiques utilisés ont une rigidité importante. Pour ne pas gêner le banc optique, les réservoirs d'accès aux canaux ont été réalisés par la face arrière du substrat SOI. Les réservoirs adoptent une géométrie carrée de 1.8mm de côté : cette dimension permet l'encastrement d'un tube de diamètre 1/16eme de pouces pour la circulation des fluides.

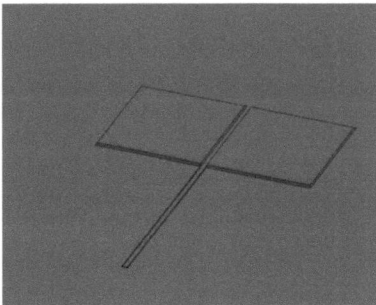

Figure V. 31 : Schéma global du système micro-fluidique du dispositif vibrant

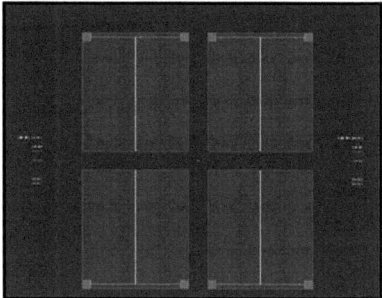

Figure V. 32 : Schéma d'un masque de lithographie 5 pouces contenant le système micro-fluidique du dispositif vibrant

Afin de permettre une interconnexion fluidique entre les réservoirs situés en face arrière du substrat et les canaux situés en face avant du substrat, des réservoirs sont définis en face avant du substrat SOI. Comme pour les réservoirs d'encastrement définis précédemment, ils prennent une forme carrée. La dimension du réservoir est de 20μm de coté : elle a été choisie pour pouvoir aligner parfaitement avec les extrémités des canaux **(Figure V. 33)**.

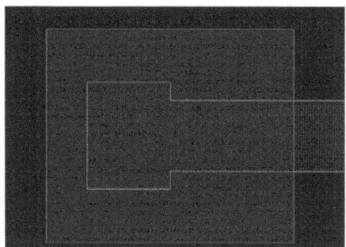

Figure V. 33 : Schéma de l'alignement de l'extrémité d'un canal avec un réservoir de 20μm de large

Le second challenge a été d'avoir des canaux de faibles largeurs d'ouverture. Cette contrainte est guidée par les résultats de scellement présenté précédemment dans la **section II.2** et **II.3**. Nous avons donc défini une largeur de 2μm : cette dimension est en effet facilement réalisable avec les techniques classiques de lithographie optique.

Les dimensions de la micro-poutre ont été déterminées afin de permettre une caractérisation mécanique aisée en tenant compte des contraintes technologiques. Les fréquences de résonance attendues sont d'environ 5MHz. Ainsi nous avons fixé les dimensions de la poutre à 540μm de long et 60μm de large **(Figure V. 34)** L'épaisseur de la poutre est définie par l'épaisseur de la couche de silicium présente en face avant du SOI ainsi que par l'épaisseur du revêtement de scellement. Nous pouvons ainsi travailler sur des épaisseurs de silicium de 25μm et sur une épaisseur de revêtement égale à 5μm.

Chapitre V : Elaboration d'un micro-dispositif vibrant

Figure V. 34 : Schéma d'une partie de la face arrière du dispositif vibrant après l'étape de libération de la poutre

III.2- Description du procédé

Le procédé repose sur la micro-fabrication d'une poutre avec des canaux basé sur la technologie de silicium ainsi que sur le procédé de transfert de film évoqué dans la **section II.3**. Le transfert de film permet ainsi le scellement de micro-canaux formé dans la structure de la poutre. Afin de permettre un alignement contrôlé des motifs par rapport au substrat receveur, le substrat donneur doit être poli sur ses deux faces. Cette condition permet de créer des croix en face arrière du substrat donneur et de faire un alignement de type double face : les motifs de reports sont alors ajustés par rapport à la structuration existant sur le substrat receveur.

Les étapes de micro-fabrication du substrat receveur en face avant du SOI sont une succession de lithographies et de gravures : elles sont présentées dans le **Tableau V.17**. La première étape consiste à définir des croix d'alignement sur le substrat. La structuration est réalisée par une lithographie optique et une gravure par Deep-Rie (procédé Bosch). Les conditions de gravure sèche permettent de ne pas perdre la précision obtenue lors de la lithographie. La seconde étape concerne la structuration des canaux. Elle est réalisée par lithographie optique. La gravure des canaux est réalisée par Deep-Rie comme exposé dans la **section II.2.3**. Enfin, pour délimiter la poutre et de définir les réservoirs, une structuration est réalisée par une lithographie optique et une gravure par Deep-Rie (procédé Bosch). L'arrêt de la gravure est effectué lorsque la couche de silice enterrée est atteinte.

Schéma	Etape	Paramètres
	Lithographie des croix d'alignement	Résine S1813
	Structuration des croix d'alignement par gravure sèche (procédé Bosch)	Utilisation de la deep RIE SF_6 : 300sccm/67sccm C_4F_8 : 100sccm Pression : 100mtorr Temps de gravure : 1min
	lithographie du canal en face avant du SOI	Résine S1818 Duré du Développement : 25s
	Structuration du canal par gravure sèche	Utilisation de la deep-RIE Procédé en **section II.2.3.3**
	Lithographie de la délimitation de la poutre et du pré-réservoir	Résine S1818
	Structuration de la délimitation de la poutre et du pré-réservoir par gravure sèche (procédé Bosch) Arrêt sur la silice entré du SOI	Utilisation de la deep RIE SF_6 : 300sccm/67sccm C_4F_8 :100sccm Pression : 100mtorr Temps de gravure : 9min

Tableau V. 17 : résumé du procédé de structuration de la face avant du substrat receveur

Les étapes de micro-fabrication du substrat donneur peuvent être faites indépendamment de celles du substrat receveur : elles sont présentées dans le **Tableau V. 18**. Tout d'abord, une couche de téflon est déposée sur un substrat de silicium poli double face dans un bâti de Deep-RIE. Pour préserver le dépôt de téflon, une fine couche de résine est déposée sur le film fluorocarboné. Des croix d'alignement sont ensuite définies en face arrière du substrat par une lithographie optique et une gravure par Deep RIE (procédé Bosch). La couche de téflon est stabilisée par un recuit à 250°C. Les motifs d'aluminium sont structurés par une résine réversible (AZ5214). Un film d'aluminium est déposé par évaporation sur la couche de téflon. Les capots d'aluminium sont structurés par lift-off. La dernière étape consiste en une délimitation de la poutre sur l'aluminium. Après masquage par de la résine, l'aluminium est gravé en phase humide par une solution d'Alu Etch à 45°C. A ce stade, il est nécessaire de réaliser un collage du substrat donneur et du substrat receveur (**Tableau V. 19**).

Schéma	Etape	Paramètres
	Dépôt de téflon	Utilisation de la deep RIE C_4F_8 : 100sccm Pression de 100mtorr Temps de dépôt : 30s
	Lithographie de croix d'alignement en face arrière du substrat	Recuit à 250°C Résine S1818
	Structuration des croix par gravure sèche	Utilisation de la deep RIE SF_6 300sccm/67sccm C_4F_8 : 100sccm Pression : 100mtorr Temps de gravure : 1min
	Lithographie des motifs de report	Résine AZ5214
	Dépôt par évaporation par canon d'électron d'une couche aluminium	Pression résiduel $\leq 10^{-7}$ mbar Epaisseur : 1µm Vitesse de dépôt : 0.6nm/s
	Structuration des motifs d'aluminium par lift off	Acétone Temps de lift-off : 30 min
	Délimitation de la poutre sur l'aluminium	Résine S1818
	Structuration de la délimitation de la poutre sur l'aluminium	Gravure par une solution d'Alu etch Temps de gravure : 3 min: Température : 45°C

Tableau V. 18 : Résumé du procédé de structuration du substrat donneur

A ce niveau du procédé, les étapes de micro-fabrication ne concernent que la face arrière du substrat SOI, afin de pouvoir accéder aux réservoirs et de libérer la poutre **Tableau V. 20**). La première étape consiste à déposer un masque de silice sur le substrat. La structuration du dépôt de silice est réalisée par une lithographie optique en utilisant une résine épaisse (AZ4562) et par une gravure du masque de silice par RIE. La gravure profonde du silicium de la face arrière du SOI est réalisée par Deep-RIE. Il faut en moyenne 1 heure pour graver 400µm de silicium. La dernière étape consiste à éliminer la silice enterrée du SOI pour libérer la poutre et de connecter les réservoirs avec les canaux placés en face avant du SOI. Elle est réalisée par RIE. Enfin la dernière étape du procédé consiste en une séparation du substrat donneur de motif du substrat receveur (SOI) par action mécanique : le dispositif vibrant est ainsi prêt pour les greffages chimiques et biologiques.

Schéma	Etape	Paramètres
	Lithographie du joint de scellement	Promoteur d'adhérence : AP 3000 Recuit à 110°C pendant 30s. Résine BCB Recuit à 90°C, 90s Dose d'insolation 175mj/cm^2 Développement : DS2100 Temps d'insolation 4min
	Collage du substrat donneur et du receveur	Alignement des substrats Contact à Pression atmosphérique Puis Collage sous vide Vide : 1E^{-4} mbar Force : 10000N Recuit : 250°C pendant 1h

Tableau V. 19 : Procédé de collage des substrats

IV- Conclusion

Dans ce chapitre, une étude de fabrication d'un dispositif fluidique test en silicium servant à caractériser la fonctionnalisation chimique et biologique a été exposée. Cette étude a permis le développement d'un laboratoire sur puce pour de la détection spécifique en biologie dont la particularité réside dans la préservation d'un milieu protecteur pour les entités biologiques et une résistance aux solvants organiques utilisés lors de la fonctionnalisation chimique.

Dans le cadre de l'élaboration du dispositif micro-fluidique vibrant, la fabrication de canaux et les différentes tentatives de scellement ont été présentées. Les résultats préliminaires de scellement obtenus nous ont permis d'envisager le passage à la fabrication du micro-résonateur. Malheureusement faute de temps, le procédé développé n'a pu être mené jusqu'au bout, la dernière étape de scellement se révélant tout particulièrement délicate. Ainsi, nous avons pu atteindre ce dernier niveau technologique à plusieurs reprises mais l'empilement s'est alors brisé.

Schéma	Etape	Paramètres
	Masquage de la face arrière du SOI par un dépôt de silice	Dépôt de silice PECVD en mode LF 400sccm de SiH_4 à 2% 1420sccm de N_2O Température du dépôt : 250°C Temps de dépôt : 30min Epaisseur du dépôt : 2µm
	Lithographie de l'accès au réservoir et la libération de la poutre	Résine AZ4562 Epaisseur : 20µm Dose d'insolation : 250mj/cm^2 Durée de développement : 2min30
	Structuration de la libération de la poutre et de l'accès de la face arrière par gravure de dépôt de silice	Gravure par RIE CF_4 : 42sccm CHF_3 : 10sccm Pression : 80mtorr Puissance : 150W
	Gravure profonde du silicium pour la libération de la poutre et l'accès au réservoir	Utilisation de la Deep-RIE C_4F_8 200sccm pendant 2s SF_6 450sccm/O_2 45sccm pendant 10s Temps de gravure : 1h Epaisseur de silicium gravé : 400µm
	Gravure de la silice enterrée du SOI pour la libération de la poutre et l'accès au réservoir	Gravure par RIE CF_4 : 42sccm CHF_3 : 10sccm Pression : 80mtorr Puissance : 150W

Tableau V. 20 : Récapitulatif du procédé de libération de la poutre

Références bibliographiques :

[Ayo99]   Ayón A. A., Braff R., Lin C., Sawin H. H., Schmidt M. A., *Characterization of a time multiplexed inductively coupled plasma etcher*, J. Electrochemical Society, 146, 1999, 339–349

[Bha05]   Bhattacharya S., Jordan M. Berg A., Gandopadhyay S., *Studies on Surface Wettability of Poly(Dimethyl) Siloxane (PDMS) and Glass Under Oxygen-Plasma Treatment and Correlation with Bond Strength*, J. Microelectromech. Syst, 14, 2005, 590-597

[Bod06]   Bodas D., Khan-Malek C., *Formation of more stable hydrophilic surfaces of PDMS by plasma and chemical treatment*, Microelectronic Engineering, 83, 2006, 1277-1279

[Bos94]   Boch R., GmbH. Pat.4.855.017 and 4.784.720 (USA) 4241045C1 (Germany) 1994

[Bra09]   Brault S., Garel O., Shelcher G., Isac N., Parrain F., Bosseboeuf A., Versus F., Desgeorges M., Dufour-Gergam E., *MEMS packaging process by film transfer using an anti-adhesive lay*, Microsystem Technologies, 16, 7, 2009, 1277-1284

[Chen02] Chen K.-S., Ayón A. A., Zhang X., Spearing S. M., *Effect of Process Parameters on the Surface Morphology and Mechanical Performance of Silicon Structures After Deep Reactive Ion Etching (DRIE)*, Journal of Microelectromehbanical systems, 11, 3, 2002, 264-275

[Fab02]   Fabre N., Conedera V., section la photolithographie de résines épaisses, *Techniques de fabrication des microsystèmes microélectromécaniques 3D et intégration de matériaux actionneurs*, Tome 2, Lavoisier, ISBN 2-7462-0818-0, 2002

[Jou05]   Jourdain A, De Moor , Baert K, DeWolf I., Tilmans H A C, *Mechanical and electrical characterization of BCB as a bond and seal material for cavities housing RF- MEMS devices*, J. Micromech. Microeng., 15, 2005, S89–S96

[Jud12]   http://www.judylab.org/doku.php?id=academics:classes:ee_cm150l:week_2

[Kan05]   Kanda A., Wada M., Hamamoto Y., Oottuka Y., simple and controlled fabrication of nanoscale gaps using double angle evaporation, Physica E. 29, 2005, 707-711

[Kov98]   Kovacs G. T. A., Maluf N. I., Petersen K. E., *Bulk Micromachining of Silicon*, Proceedings of the IEEE, 86, 8, 1998, 1536-1551

[Kii99]   Kiihamäki J., Franssila S., *Pattern shape effects and artefacts in deep silicon etching*, J. Vac. Sci. Technol. A 17, 1999, 2280

[Mad02]   Madou M. J., *Handbook Fundamentals of microfabrication: the science of miniaturization*, second edition, 2002

[Man87]   Mansour-Bahloul F.F., Bielle-Daspet D., Peyrelavigne A., *Microstructure effect on the HNO_3-HF etching of LPCVD boron-doped polycrystalline silicon*, Revue Phys. Appl, 22, 1987, 671-67

[Mur98]   Murakami T., Kuroda S.-I., Osawa Z., *Dynamics of Polymeric Solid Surfaces Treated with Oxygen Plasma: Effect of Aging Media after Plasma Treatment*, J. Colloid Interface Sci., 202, 1998, 37-44

[Ste07]   Steinert M., Acker J., Oswald S., Wetzig K., *Silicon Etching in HNO_3-Rich HF/HNO_3 Mixtures*, J. Phys. Chem. C, 111, 5, 2007

[Sch76]   Schwartz and Robbins, *Chemical Etching of Silicon, IV Etching Technology*, Journal of Electrochemical Society: Solid-State Science and Technology, 123, 12, 1976, 1903-1909

[Tal06]   Talaei S., Frey O., van der Wal P. D., De Rooij N. F., Koudelka-Hep M., *Hybrid microfluidic cartridge formed by irreversible bonding of SU-8 and PDMS for multi-layer flow applications*, Eurosensors XXIII conference, Procedia Chemistry, 2009

[Tan06]   Tang K C, Liao E, Ong W L, Wong J D S, Agarwal A, Nagarajan R, Yobas L., *Evaluation of bonding between oxygen plasma treated polydimethyl siloxane and passivated silicon*, Journal of Physics: Conference Series , 34, 2006, 155–161

[Wal01]   Walker M. J, *Comparison of Bosch and cryogenic processes for patterning high aspect ratio features in silicon*, Proc. SPIE, 4407, 2001, 89-99

[Wil03]   William K. R., Gupta K., Wasilik M., *Etch Rates for Micromachining Processing-Part II*, journal of microelectromechanical systems, 12, 6, 761-778, 2003

[Zel10]   Zellner P., Renaghan L., Hasnain Z., Agah M., *A fabrication technology for three dimensional micro total analysis systems*, J. Micromech. Microeng. 20, 2010, 1-8

[Zhan04] Zhang C., Najafi K., *Fabrication of thick silicon dioxide layers for thermal isolation*, J. Micromech. Microeng. 14, 2004, 769–774

Conclusion générale

L'objectif de ces travaux, dans le cadre d'une collaboration entre le département MINASYS (Micro et Nano-Système) de l'Institut d'Electronique Fondamental (IEF) et le Laboratoire Protéines et Nanotechnologies en Sciences Séparatives de la Faculté de Pharmacie de Châtenay-Malabry, était l'élaboration d'un procédé et la fabrication d'un micro-capteur basé sur la détection électromécanique d'espèces biologiques présentes à l'état de trace. Ce dispositif doit répondre à une problématique simple, être un biocapteur permettant une reconnaissance biologique spécifique. Les travaux se sont articulés en quatre axes. Tout d'abord, un état de l'art sur le principe de fonctionnement des différents types de biocapteurs couramment utilisés et leurs performances a été présenté. Dans un second volet, la fonctionnalisation de surface de silicium et par une réaction de silanisation en phase liquide a été développée sur des surfaces planes et dans des canaux fluidiques. Dans un troisième volet, la notion de reconnaissance spécifique d'entités biologiques a été abordée et plus particulièrement ont été présentés les résultats de greffage de protéines réalisées sur les surfaces planes ainsi que la conception d'un immuno-sandwich entrepris dans des canaux fluidiques. Enfin la dernière partie de cette étude a été axé sur la micro-fabrication du dispositif vibrant : les différents résultats préliminaires obtenus en vue de l'élaboration du micro-capteur de type poutre résonante ont été présentés ainsi que le procédé complet d'élaboration de la micro-poutre vibrante développé.

Dans le premier axe, les capteurs couramment utilisés pour la détection de biomolécules ainsi que leurs performances sont exposés. Contrairement aux capteurs chimiques, nous avons pu voir que l'élaboration de transducteurs spécifiques pour de la reconnaissance biologique nécessite la fabrication d'un capteur intégrant dans un seul dispositif un système de système de reconnaissance spécifique à l'entité à détecter.

Dans le deuxième axe, dans le cadre de la fabrication d'un biocapteur en silicium, nous avons développé une des étapes la plus essentielle qui consiste à préparer chimiquement la surface de détection. Afin de greffer des entités biologiques sur le silicium sans dénaturer les protéines, nous avons greffé un composé organique à la surface du matériau, sous forme de couche auto-assemblée, un organosilane afin de permettre lier de manière covalente les biomolécules sur le support solide du biocapteur. Nous ainsi avons réalisé une étude complète de fonctionnalisation en utilisant le 7-octenyltrichlorosilane. La réaction de silanisation à température ambiante, mettant en jeu l'organosilane solubilisé au chloroforme, a été étudiée sur des substrats de silicium légèrement oxydés et de silice. Les surfaces de silicium non traité ont permis d'obtenir un greffage plus important de l'organosilane par rapport aux surfaces de silice. Par ailleurs, la durée de silanisation a été optimisée à 6h. La réaction d'oxydation de la double liaison terminale de l'organosilane en acide carboxylique a été confirmée. Afin de répondre à problématique d'un laboratoire sur puce, une fonctionnalisation dans un canal sous flux fluidique a également été étudiée. Le protocole de silanisation pleine plaque n'ayant pas donné des résultats satisfaisants, une étude de solvant a été menée pour optimiser le rendement de greffage. Une amélioration du rendement a également été entreprise en abaissant la température du système lors de la silanisation. L'octane a permis d'obtenir de meilleurs résultats, qui restaient tout de même perfectible, par un abaissement de la température du système lors de la silanisation à -10°C pour obtenir de meilleurs rendements et une bonne homogénéité de la surface du canal.

Le troisième axe, la notion de reconnaissance protéinique a été abordée. Dans le cadre de la fabrication d'un biocapteur, une détection de biomarqueurs spécifiques de la maladie d'Alzheimer basée sur le greffage protéines sur des surfaces de silicium fonctionnalisées a été développée. Tout d'abord, la sensibilité et la spécificité des biocapteurs ont été étudiées : l'immobilisation et l'orientation de la capture d'anticorps ont été optimisées sur des échantillons pleine plaque de silicium fonctionnalisés. Ainsi, nous avons aussi étudié plus spécifiquement le greffage d'IgG de souris modèle par la méthode EDC/S-NHS et caractériser le greffage par AFM et par microscopie à fluorescence ainsi que par des tests immuno-enzymatiques de type ELISA. De plus, un test immunologique de type ''sandwich'' dédié à la détection sensible du peptide amyloïde Aß 1-42, a été développé. Par ailleurs, en vue de réaliser une amplification de masse dans le micro-résonateur, le greffage ainsi que la capture de nanoparticules magnétiques sur des surfaces de silicium fonctionnalisées ont été menés : cela a permis d'obtenir une spécificité de greffage des nanoparticules. Enfin, un immuno-essai a été effectué dans un canal fluidique avec succès.

Dans le dernier axe, une étude de la fabrication d'un dispositif fluidique en silicium servant à caractériser la fonctionnalisation chimique et le greffage biologique a été exposée. Cette étude a permis le développement d'un laboratoire sur puce pour de la détection spécifique en biologie. Dans le cadre de l'élaboration du dispositif micro-fluidique vibrant, la fabrication de canaux et les différentes tentatives de scellement ont été présentées. Les résultats préliminaires de scellement nous ont permis de définir un procédé complet de fabrication du micro-résonateur pour permettre l'intégration ultérieure de la détection in-situ des protéines.

Pour conclure, ce travail se termine sans avoir permis d'aboutir à un micro-dispositif vibrant complet fonctionnel. Il aura néanmoins permis de progresser dans tous les axes d'étude. En effet, les conditions de fonctionnalisation chimique et biologique ont été optimisées. De plus, le procédé complet de fabrication de la micro-poutre vibrante a été défini.

Concernant les perceptives pour ces travaux de thèse, la première d'entre elle est de s'affranchir des difficultés de micro-fabrication afin d'obtenir la structure vibrante. Après la réalisation du micro-résonateur, il est nécessaire d'entreprendre in situ le greffage des anticorps et ainsi d'accomplir l'immuno-sandwich dédié à la détection du peptide amyloïde. Enfin, une amplification de masse par l'ajout de nanoparticules doit être effectuée. La dernière perceptive est de tester le dispositif vibrant en temps réel avec les connections fluidiques.

Annexe A : Liste des abréviations et symboles utilisés

AchBP	Acetylcholine Binding Protein
ADN	Acide dexosyribonucléique
AFM	Atomic Force Microscopie
AFP	Alpha-1-foetoprotein
ANP	Acide Nucléique Peptidique
ANS	8-Anilino-1-Naphthalenesulfonic acid
APTES	3-aminoproyltriethoxysilane
ARN	Acide Ribonucléique
BCA	Bicinchoninic Assay
BCB	bis-benzocyclobutène
BHF	Buffered HF
BSA	Bovine Serum Albumin
CaM	cell adhesion molecule
CRP	C Reactive Protein
DAPI	4',6'-diamidino-2-phénylndole
DRIE	Deep Reactive Ionique Etching
DNP	2,4-Dinitrophenol
DMSO	Dimethylsulfoxyde
EDC	3-dimethylaminopropyl ethylcarbodiimide
EDTA	Ethylène diamine tétraacétique
ELISA	Enzyme-Linked Immunosorbent Assay
F_{ab}	Fragment antigen binding
F_c	Fragment crystalline
FITC	Fluoresceine isothiocyanate
GFP	Green Fluorescent Protein
HCG	Hormone gonadotrophine chorionique
HEL	Hen Egg white Lysozyme
His-Tag	Histine-Tag
HRP	Horseradish Peroxidase
IBE	Ionique Beam Etching
ICP	Inductively Coupled Plasma
Ig	Immunoglobuline
Ins-ab	Insulin ab
IR	Infra-rouge
NTA	Nitroacétique
OTS	Octadecyltrichlorosilane
PBS	Phosphate Buffered Saline
PCR	Polymerase Chain Réaction
PEI	Poly-éthylène-imine
PDMS	Poly-dimethylsiloxane

PMMA	Poly-methacrylate de methyle
PSA	Prostate Specific Albumine
QCM	Quartz Cristal Balance
RIE	Reactive Ionique Etching
SPR	Surface Plasmon Resonance
S-NHS	Sulfo-N-hydroxysuccinimide
Taq	Thermus aquaticus
TNFα	tumor necrosis factor α
TFA	Trifluoroacetic acid
XPS	X Photon Spectroscopy

Annexe B : Liste et structure chimique des acides aminées

Nom	Code à 3 lettres	Code à 1 lettre
Alanine	Ala	A
Arginine	Arg	R
Asparagine	Asn	N
Acide aspartique	Asp	D
Cystéine	Cys	C
Acide glutamique	Glu	E
Glutamine	Gln	Q
Histidine	His	H
Isoleucine	Ile	I
Leucine	Leu	L
Lysine	Lys	K
Méthionine	Met	M
Phenylalanine	Phe	F
Proline	Pro	P
Serine	Ser	S
Thréonine	Thr	T
Tyrosine	Tyr	Y
Valine	Val	V

Tableau B.1 : Liste et nomenclature des acides aminés

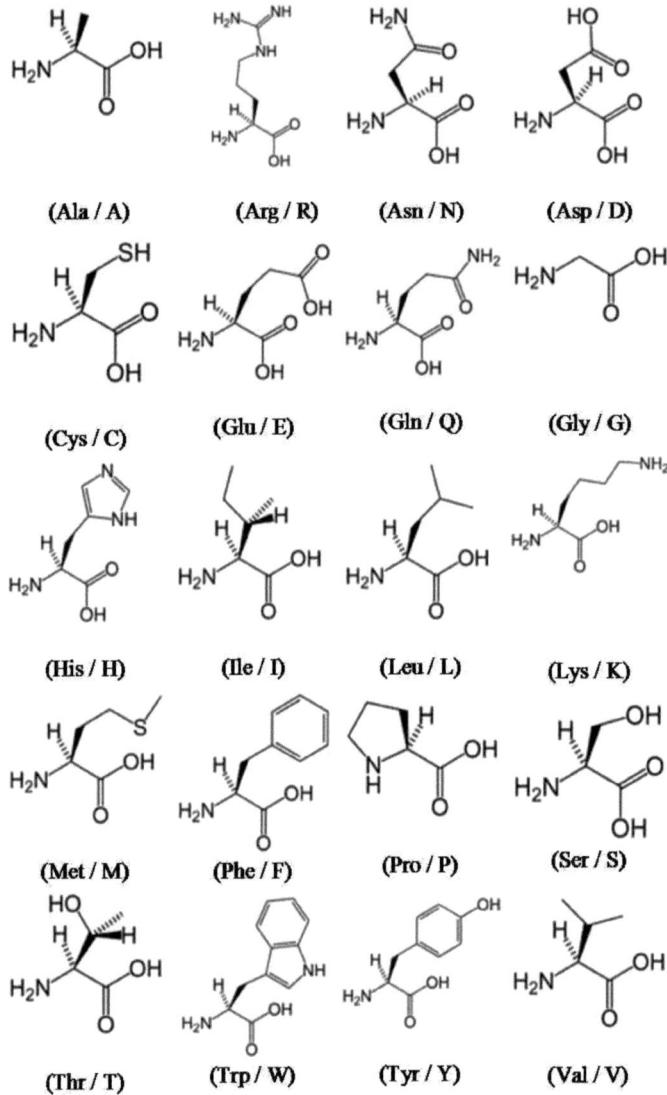

Figure B.1 : Formule chimique des acides aminés

Annexe C : Angle de contact

La mesure d'angle de contact rend compte de l'aptitude d'un liquide à s'étaler sur une surface par mouillabilité. Lorsqu'une goutte de liquide est déposée sur une surface solide plane, l'angle entre la tangente à la goutte au point de contact et la surface solide est appelé angle de contact. La goutte est disposée à l'aide d'une seringue. L'image de la goutte est capturée par une caméra CCD. L'avantage de cette technique est qu'elle est non invasive, rapide et fiable.

Il existe différentes techniques de mesure dépendant de la manière dont est lâchée la goutte ou encore si l'aiguille est laissée dans la goutte déposée ou non. Dans notre cas, la méthode utilisée est la méthode dite ''Sessile Drop'' qui consiste à faire en sorte que la goutte s'étale sur la surface en mettant la goutte et la surface en contact puis à mesurer l'angle quelques secondes après que celle-ci ait été déposée. L'angle est mesuré entre la surface et la tangente à la goutte par le modèle Laplace-Young.

L'équilibre d'une goutte de liquide sur un solide est dû à l'équilibre mécanique entre trois phases : la phase liquide de la goutte, la phase solide de la surface et la phase gazeuse. La forme d'une goutte à la surface d'un solide est régit par la tension interfaciale solide-liquide (γSL), la tension interfaciale solide-vapeur (γSV ou γS) et la tension interfaciale liquide-vapeur γLV (ou γL). Ces trois grandeurs sont reliées à l'équilibre thermodynamique par l'équation de Young :

$$\gamma SV - \gamma SL - \gamma LV \cos\theta = 0$$

Si on utilise l'eau comme liquide de mesure d'angle de contact, le caractère hydrophobe ou hydrophile de la surface peu être déduit de la mesure de l'angle de contact. Ainsi plus l'angle est faible, plus la surface est hydrophile.

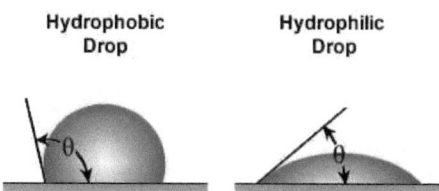

Figure C. 1 : Principe de mesure d'angle de contact

Annexe D : PDMS

Le polydiméthylsiloxane (PDMS) est un polymère viscoélastique à base de silicium dont la formule chimique est $(H_3C)_3SiO[Si(CH_3)2O]_nSi(CH_3)_3$ avec **n** exprimant le nombre de monomères contenu dans le polymère :

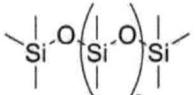

Figure D.1 : Formule chimique du polymère

Avant réticulation il se présente sous l'aspect d'un liquide particulièrement visqueux. Après réticulation, le PDMS se présente comme un solide élastique. La réticulation du PDMS est obtenue en ajoutant un agent réticulant au pré-polymère et en réalisant un recuit. Le PDMS présente une surface très hydrophobe, ce qui permet l'utilisation de solvants aqueux ou polaires sans déformation ou gonflement du PDMS. Il présente également une conductivité électrique et une polarité faible, il est transparent optiquement dans le domaine du visible et il est biocompatible : toutes ces propriétés lui confère un rôle important dans la fabrication de micro-dispositif médicaux et biologique. LE PDMS est notamment très utilisé pour sceller des dispositifs notamment grâce à un traitement chimique, thermique ou un traitement plasma. Différent ratios ont été utilisés dans la littérature. Dans notre cas un ratio réticulant : pré-polymère de 1:10 a été choisi. Les caractéristiques du matériau sont présentées dans le **Tableau D.1**.

Couleur	Incolore et transparent dans le domaine du visible
Module d'Young	1MPa (pour un ratio de 10 :1)
Coefficient de Poisson	0.5
Masse volumique	950 kg/m^3
Permittivité électrique	2.84
Elongation	>100%
Autres caractéristiques	Biocompatible, non toxique, non inflammable

Tableau D.1: Caractéristique du PDMS

Annexe E : Principe du XPS

Le principe de la spectroscopie XPS repose sur l'interaction de photon X avec la matière. Un apport d'énergie suffisant permet de rompre l'interaction noyau/e-. L'électron quitte alors l'attraction du noyau avec une énergie cinétique E_c. Si l'énergie est suffisante, les électrons atteignent la surface sont extraits du matériau et passe dans le vide. Ils sont alors collectés et dénombrés en fonction de leur énergie cinétique. Il est possible d'écrire le bilan énergétique suivant :

$$h\upsilon = E_l + E_c + W$$

Où $h\upsilon$ est l'énergie du photon incident, E_l est l'énergie de liaison noyau/e-, E_c est l'énergie cinétique de l'électron éjecté dans le vide et W est l'énergie nécessaire pour franchir la barrière matériau/vide. Ce bilan permet de déterminer l'énergie de liaison noyau/e- et de classer les électrons.

La mesure qui s'effectue sous ultravide (pression de l'ordre de 10^{-10} mbar) permet une analyse de surface d'une profondeur de 1 à 10 nm. Il est possible de détecter tous les éléments excepté l'hydrogène avec un seuil de détection de 0.1% atomique. La source monochromatique fournie une énergie fixe qui varie selon sa nature (Al ou Mg).

Cette technique permet de caractériser les éléments chimiques mais également de déterminer la nature des liaisons chimiques et de quantifier la contribution de chaque liaison.

Le principe de fonctionnement d'un spectromètre XPS est illustré par la **Figure E.1**. Cette technique permet de caractériser les éléments chimiques mais également de déterminer la nature des liaisons chimiques et de quantifier la contribution de chaque liaison.

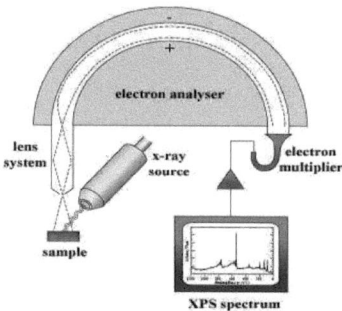

Figure E.1: Principe de fonctionnement d'un spectromètre XPS

Annexe F : Protocole d'un immuno-essai enzymatique

Produits et matériel

- IgG anti Fab marqué à la HRP
- IgG anti-souris (1µg/µL)
- Tampon phosphate (PBS 1 X, pH 7.8 avec 0.2% de Tween 20)
- EDC (10mg/mL)
- S-NHS (10mg/mL)
- BSA (40mg/mL)
- Echantillons de silicium fonctionnalisés de 1cm^2
- Kit Thermo Scientific TMB Substrate contenant du TMB (3,3´,5,5´-tetramethylbenzidine)
- Stop Reagent, TMB Substrate for ELISA

Méthode

- Déposer 200µl d'une solution d'EDC et 200µl d'une solution de S-NHS sur les échantillons
- Ajouter sur les échantillons 20µl d'une solution d'anticorps d'IgG anti-souris (1µg/µL)
- Laisser incuber une nuit à température ambiante
- Rincer 5 fois les surfaces avec du tampon phosphate
- Ajouter une solution de BSA pendant 1 heure à 37°C
- Laver 3 fois les échantillons
- Ajouter 100µl d'IgG de souris dirigée contre les fragments F_{ab} marqué à la HRP
- Laisser incuber une nuit
- Laver 5 fois les échantillons avec du tampon phosphate
- Ajouter 100µl d'une solution de 3,3',5,5'-Tétraméthylbenzidine (TMB)
- Laisser incuber chaque puit pendant 10 minutes en évitant la lumière à 37°C
- Ajouter 50µl d'une solution d'arrêt de coloration par puit
- Lire les densités optiques des puits à une longueur d'onde de 450nm

Annexe G : protocole d'un immuno-essai de type immuno-sandwich

Produits et matériel

- IgG de souris anti-Aβ 1-42 (1µg/µL)
- Peptide amyloïde Aβ 1-42 (1µg/µL)
- IgG de souris anti-Aβ 1-42 marqué à la Cy5
- Tampon phosphate (PBS 1 X, pH 7.8 avec 0.2% de Tween 20)
- EDC (5mg/mL)
- S-NHS (5mg/mL)
- BSA (20mg/mL)
- Echantillons de silicium fonctionnalisés de 1cm^2

Méthode

- Déposer 200µL d'une solution d'EDC et 200µl d'une solution de S-NHS sur les échantillons
- Ajouter 20µL d'une solution d'anticorps d'IgG de souris anti- Aβ 1-42
- Compléter par 180µL de tampon phosphate
- Laisser incuber une nuit à température ambiante
- Rincer 5 fois les surfaces avec du tampon phosphate
- Ajouter 1mL d'une solution de BSA pendant 1 heure à 37°C
- Ajouter 20µL de peptide amyloïde Aβ 1-42
- Compléter par 180µL de tampon phosphate
- Laisser incuber 2 heures à température ambiante
- Laver 5 fois avec du tampon phosphate pendant 10 minutes
- Ajouter 200µL d'anticorps de reconnaissance (IgG de souris anti- Aβ 1-42) (1µg/µL)
- Laisser incuber pendant 2 heures
- Ajouter 200µL d'anticorps IgG de souris anti-Aβ 1-42 marqué Cy5
- Laisser incuber pendant 2h
- Laver 5 fois de la plaque avec du tampon phosphate
- Mesurer de l'intensité de fluorescence par microscopie fluorescence

Annexe H : protocole d'immobilisation non-orientée d'anticorps sur des billes magnétiques

Produits et matériel

- Billes magnétiques avec fonctions –COOH de la marque Ademtec
- IgG de souris (1µg/µL)
- Tampon phosphate (PBS 1 X, pH 7.8 avec 0.2% de Tween 20)
- EDC (15mg/mL)
- S-NHS (15mg/mL)
- BSA (10mg/mL)
- Echantillons de silicium fonctionnalisés de 1cm^2

Méthode

- Prélever 20 µL de solution de billes magnétique
- Laver les billes magnétiques avec de la soude (20 mM) pendant une nuit à 4°C sur une roue
- Laver 3 fois les billes magnétiques avec du tampon phosphate
- Emulsionner les billes dans 350 µL de tampon phosphate
- Ajouter 250µL d'IgG de souris
- Ajouter 300µL d'EDC et 100µL de S-NHS
- Mettre sur la roue et laisser une nuit à 4°C
- Laver les billes magnétiques 3 fois avec le tampon phosphate
- Ajouter 1mL d'une solution de BSA sur les billes magnétiques
- Laisser incuber pendant une heure à 4°C sur la roue
- Rincer 3 fois les billes magnétiques avec le tampon de phosphate
- Conserver à 4°C dans du tampon phosphate

Annexe I : protocole d'immobilisation de billes magnétiques sur surfaces de silicium

Produits et matériel

- Billes magnétiques fonctionnalisé par de l'IgG de souris
- IgG de chèvre anti-souris (1µg/µL)
- Tampon phosphate (PBS 1 X, pH 7.8 avec 0.2% de Tween 20)
- EDC (15mg/mL)
- S-NHS (15mg/mL)
- BSA (10mg/mL)
- Echantillons de silicium fonctionnalisés de 1cm^2

Méthode

- Laver les échantillons de silicium avec du tampon phosphate
- Dans un tube épendorf, ajouter 350µL de tampon phosphate
- Ajouter 250µL d'IgG de chèvre anti-souris
- Ajouter 300µL d'EDC et 100µL de S-NHS
- Laisser incuber 6h à 4°C sous agitation
- Laver les échantillons 3 fois avec le tampon phosphate
- Ajouter 1 mL de la solution de BSA
- Laisser incuber pendant une heure à 4°C sous agitation
- Rincer 3 fois les échantillons avec le tampon de phosphate
- Ajouter la solution de billes magnétiques fonctionnalisées à l'IgG de souris
- Laisser à incuber à 4°C sous agitation

Annexe J : Généralités sur les techniques de gravure sèche

La gravure sèche consiste à utiliser un gaz pour permettre la gravure du matériau. Les constituants du gaz peuvent agir physiquement pour pulvériser le matériau cible et/ou agir chimiquement pour former des espèces volatiles. Il faut utiliser un gaz réactif, rendu réactif sous forme d'un plasma. Il peut aussi s'agir de bombardement ionique issu d'une source extérieure ou des ions présents également dans le plasma. Quelque soit le mode de gravure, les caractéristiques de la gravure (vitesse, anisotropie, sélectivité) dépendent de la pression, des températures du porte-substrat et des parois du réacteur, de la nature des gaz et leur débit, et du temps de gravure **[Gra02]**.

Gravure chimique

Dans ce cas, il doit s'établir une réaction chimique entre le gaz et la surface aboutissant à la formation d'éléments volatils. La principale caractéristique de ce type de gravure est quelle est totalement isotrope car le gaz agit dans toutes les directions. Les hautes pressions favorisent la gravure chimique isotrope. En effet, lorsque la pression augmente, la fréquence de collisions électron-neutre augmente : la phase gazeuse comporte alors un grand nombre de molécules chimiquement réactives et induit une augmentation de la vitesse de gravure chimique. D'autre part, le bombardement ionique des surfaces diminue. Néanmoins, cette configuration suppose une grande sélectivité du masque de gravure. A basse pression la diffusion des composés neutres est rapide : les parois du bâti sont des régions de perte pour les radicaux actifs en phase gazeuse et la concentration des espèces réactives en phase gazeuse est affectée. La gravure chimique est très sélective. Enfin, la vitesse de gravure est particulièrement élevée.

Gravure physique

Contrairement à la gravure chimique, la gravure physique est de type anisotrope : le bombardement ionique vers la surface du substrat est dans la direction incidente des ions conduisant à une gravure dans une direction préférentielle **[Wil04]**. Ce phénomène implique une vitesse de gravure particulièrement lente. De plus, la sélectivité du masque demeure faible. Notons que le silicium peut ainsi être gravé en milieu fluoré, chloré ou bromé. Les produits de gravure SiX_4 sont stables et volatils aux pressions et températures usuelles de gravure. Une des techniques les plus utilisée est l'IBE (Ion Beam Etching). Il existe cependant un phénomène de redéposition, qui limite les épaisseurs gravées à quelques centaines de nanomètres.

Gravure physico-chimique

La gravure physico-chimique couple certaines propriétés des techniques de gravure physique et chimique. Elle implique la création d'un plasma de gaz réactifs permettant de former des radicaux. Cette technique appelée RIE (Reactice Ion Etching) permet de graver le film avec une sélectivité importante et modifier l'anisotropie de gravure en jouant sur les paramètres de décharge **[Ayo99]**.

Ainsi certains systèmes sont des RIE constitués d'un plasma à couplage inductif (ICP ou Inductively Coupled Plasma) **[Hib02]**. Ce type de bâti permet d'augmenter la densité des ions dans le plasma par l'apport d'énergie électrique produite par induction électromagnétique. Ceci implique l'augmentation de la vitesse et l'anisotropie des gravures.

La RIE ICP permet d'obtenir simultanément une cinétique de gravure très élevée et un bon contrôle de l'énergie des ions.

Une technique très largement utilisée est la gravure ionique réactive profonde (DRIE ou Deep RIE). Elle est utilisée pour la réalisation de gravure de motifs silicium à forts rapport d'aspects. Dans ce cas, le procédé Bosch peut être utilisé [**Lar96**]. Le procédé de gravure est constitué d'une succession de deux étapes : une étape de gravure, et une étape de passivation des flancs de gravure. Tout d'abord, un cycle de gravure du silicium est réalisée par un plasma de SF_6 suivi d'un d'une passivation par un plasma C_4F_8 : lors d'un nouveau cycle de gravure, la couche de passivation est éliminée au niveau fond des tranchées par le bombardement ionique généré par le plasma SF_6 alors que les flancs de gravure sont protégés par le film protecteur de fluoro-carbone. La température du substrat peut généralement être ajustée indépendamment de celle des parois par un recourt à la cryogénie (par un système de refroidissement à l'hélium) [**Dus04**]. La température influence la sélectivité du masque de gravure ainsi que la vitesse de gravure des matériaux : les réactions chimiques générant des sous-produits de gravure sont favorisées par une hausse de la température. L'abaissement de la température diminue d'autant plus les phénomènes chimiques lors de la gravure et permet d'obtenir une bonne verticalité des flancs de gravure [**Hop09**].

[Ayo99] Ayón A. A., Braff R., Lin C., Sawin H. H., Schmidt M. A., *Characterization of a time multiplexed inductively coupled plasma etcher*, J. Electrochemical Society, 146, 1999, 339–349

[Dus04] Dussart R., Boufnichel M., Marcos G., Lefaucheux P., Basillais A, R Benoit R., Tillocher T., Mellhaoui X., Estrade-Szwarckopf H., Ranson P., *Passivation mechanisms in cryogenic SF6/O2 etching process*, J. Micromech. Microeng, 14, 2004, 190–196

[Gra02] Grandchamp J.P., Gilles J.P., *La gravure sèche des couches minces, Techniques de fabrication des microsystèmes*, Tome 1, Edition Lavoisier, ISBN 2-7462-0818-0, 2002

[Hib02] Hibert C., *Les procédés de gravure profonde par voie sèche, Techniques de fabrication des microsystèmes*, Tome 2, Edition Lavoisier, ISBN 2-7462-0818-0, 2002

[Hop09] Hopkins J., Ashraf H., Bhardwaj J. K., *the benefits of process parameter ramping during the plasma etching of high aspect ratio silicon structures*, STS,135, 6, 2009, 1-7

[Lar96] Lärmer F., Schilp A., Procédé Bosch (Robert Bosch GmbH), Brevets DE 4241045, US 5501893, EP 625285, 1996

[Wil04] Wilkinson C.D.W., Rhaman M., *Dry etching and sputtering*, Phil. Trans. R. Soc. Lond. A., 362, 2004, 125–138

Annexe K : Généralités sur la croissance de films minces

Il existe deux modes principaux de croissances de couches minces : le dépôt par voie physique en phase vapeur (PVD ou Physical Vapor Deposition), le dépôt par voie chimique en phase vapeur (CVD ou Chemical Vapor Deposition) **[Mad02]**.

Croissance physique en phase vapeur

Les procédés de dépôt physique en phase vapeur (PVD) permettent de réaliser des revêtements de métaux et de composé inorganiques ou d'alliages. Les revêtements sont réalisés sous vide (<10^2Pa). Le dépôt se découpe en trois étapes : la création d'une vapeur composé de métaux à partir d'une source (cible), le transport de la phase vapeur au sein d'un réacteur et une condensation de la phase vapeur à la surface d'un substrat. Il existe deux grandes catégories de procédés PVD: (i) lorsque que la vapeur est obtenue par effet thermique, la technique de croissance est de l'évaporation, (ii) lorsque que la vapeur est obtenue par effet mécanique, la technique de croissance est la pulvérisation **[Bil05]**.

Dans la technique d'évaporation, l'effet thermique est exploité : un matériau contenu dans un creuset est chauffé sous vide jusqu'à fusion et évaporation **[Cha02] [Mas03]**. Si, à la température de fusion du corps cette pression est largement inférieure à la pression de vapeur du corps, alors le matériau passe directement de l'état solide à l'état gazeux. Le phénomène de sublimation, est adapté pour certains métaux qui sont ainsi évaporés en les chauffant directement par effet Joule. La vitesse d'évaporation est obtenue lorsque la pression de vapeur saturante est atteinte : les atomes sont éjecté et se condensent sur le substrat. Le dépôt est plus directif lorsque le chemin à parcourir est court ou lorsque le libre parcours moyen est suffisamment important pour limiter les collisions entre les molécules de gaz résiduel et atomes évaporées : cela signifie qu'il faut un vide important dans le réacteur (10^{-2} à 10^{-5} Pa).

Lors de la pulvérisation cathodique, une polarisation négative d'une électrode cible (de 0.1 à 3kV) en présence un gaz rare (typiquement l'argon) et sous vide (1 à 10Pa), conduit à l'établissement d'un plasma **[Bil05]**. Les ions formés dans la décharge cathodique sont accélérés dans la gaine cathodique : ils développent une énergie cinétique, de plusieurs électronvolts, qui est libérée lors de la collision des ions sur la surface du substrat. Les atomes qui sont arrachés de la cible sont projetés sur le substrat : leur énergie est suffisamment importante pour permettre un accrochage sur des sites disponible à la surface du substrat et permettent la formation d'une couche mince. Pour les matériaux conducteurs électriques, la décharge plasma est induite utilisant une source de courant direct sur la cible. Pour les matériaux isolant un courant alternatif est généré par radio-fréquences (13.56MHz) : cela empêche les accumulations de charge et la destruction du plasma. Les électrons sont ainsi attirés vers le substrat lors de la polarisation négative, alors que la polarisation positive permet de les attirer vers la cible et les décharger. Dans certains bâtis, il existe également un champ magnétique, appelé magnétron. Il est du à la présence d'aimants permanents sous la cible dont les lignes de champs sont confinées au sein de la face gazeuse : cela a pour effet de piéger les électrons secondaires, de densifier le plasma et d'augmenter la vitesse de dépôt. La vitesse de dépôt est fonction de la vitesse de pulvérisation essentiellement et donc de la distance entre la cible et le substrat et de la localisation de l'échantillon par rapport à la cible. A titre de comparaison, l'énergie cinétique des molécules évaporées est d'environ 0.1eV contre 1 à 20eV pour les particules en pulvérisation cathodique. Cette différence d'énergie cinétique se traduit par une meilleure adhésion de la couche déposée par évaporation. Lors des procédés d'évaporation et de pulvérisation, les matériaux déposés sont minéraux ou métalliques. Les propriétés du dépôt sont différentes en fonction de la technique utilisée. Ainsi un dépôt réalisé par évaporation est moins conforme qu'un dépôt réalisé par pulvérisation. En plus un film réalisé par pulvérisation est susceptible d'avoir plus de contamination.

Croissance par voie chimique en phase vapeur
La croissance par voie chimique peut être réalisée en phase vapeur (CVD), à basse pression (LPCVD), ou assisté par plasma (PECVD). Lors d'un dépôt chimique en phase vapeur (CVD), il y a déplacement de l'équilibre thermodynamique entre la phase vapeur et la phase solide du matériau.
Les procédés CVD sont basés sur la réaction chimique à la surface du substrat de précurseurs gazeux. Le dépôt se compose en 3 phases interdépendantes : (i) la première est la diffusion des réactifs en phase gazeuse vers le substrat ; (ii) la seconde est la réaction de greffage qui conduit à la formation d'un composé solide ; et enfin (iii) la dernière est la désorption des espèces volatiles formées lors de la réaction de greffage. Le produit solide de la réaction de greffage induit la croissance du film tandis que les produits de réactions gazeux sont éliminés par le système de pompage du bâti de dépôt. L'énergie d'activation de la réaction de greffage est obtenue par l'assistance d'un plasma pour le dépôt PECVD, et par un effet thermique pour le dépôt LPCVD. Généralement, les films déposés par PECVD ne sont pas stœchiométriques. En PECVD, des films de meilleure qualité sont obtenus à basse pression : lorsque le libre parcours moyen est plus important l'énergie des espèces et le bombardement ionique sont plus importants. La vitesse de dépôt est importante en PECVD. De plus, en travaillant en mode RF à de hautes températures, les films formés sont moins contraints. Les dépôts par LPCVD sont réalisés à plus basse pression alors que les dépôts par PECVD sont réalisés à une pression plus élevé (environ 10Pa) : les contaminations sont moins importantes pour les dépôts LPCVD mais la vitesse de dépôt est faible. Un matériau déposé par PECVD souffre généralement d'une contamination chimique par des atomes d'hydrogène ou des particules présentes dans le réacteur. Quelque soit le mode dépôt, un porte échantillon à basse température rend la diffusion des espèces à la surface du substrat lente, ainsi les espèces gazeuses réagissent avant d'atteindre la surface et le film obtenu est amorphe. A fortiori, à haute température, la diffusion des espèces à la surface du substrat est rapide et le film formé est ainsi beaucoup moins amorphe. Lors de procédé PECVD, les matériaux formés sont généralement minéraux (SiO_2, Si_3N_4, poly-Si).

Rebouchage de motifs par les techniques de croissance de type CVD et PVD
Les dépôts CVD et PVD peuvent permettre de reboucher des cavités sous vide. Les techniques de dépôt de couches minces sous vide les plus courantes sont les dépôts PVD de type évaporation thermique et pulvérisation cathodique ainsi que les dépôts CVD de type PECVD.
Parmi les techniques les plus répandues pour le rebouchage, l'utilisation d'une couche sacrificielle est largement utilisée **[Park03] [Part01]**. Dans ce type de procédé de fabrication, un matériau sacrificiel est déposé au niveau des structures à encapsuler. La couche sacrificielle est généralement de la silice car elle est facile à déposer par PECVD et qu'elle est facilement graver par du HF **[Mon91] [Zhan04]**. Un film mince est à son tour

déposée à la surface du substrat enrobant la couche sacrificielle. Ensuite des ouvertures sont réalisées sur le film mince après lithographie et gravure sélective, permettant une libération de la structure par une nouvelle gravure sélective du matériau sacrificiel. Puis une dernière étape de dépôt sert à reboucher les ouvertures dans le film mince afin de permettre un rebouchage hermétique.

Le rebouchage peut aussi être effectué par l'intermédiaire d'un seul matériau. Comme les procédés CVD donne des dépôts conformant, cela signifie également que le film se dépose sur les parois internes de la cavité. Afin de réduire ce phénomène, le film déposé doit être aussi mince que possible. La dimension maximum de la cavité détermine l'épaisseur du film : ainsi il est estimé que l'épaisseur du film doit être au minimum égale à 1.5 fois la section émergente de l'ouverture à reboucher pour avoir un scellement complet d'une cavité [Aya09].

Les dépôts en évaporation peuvent être réalisés à angle variable : le porte échantillon ainsi peut être incliné à un angle défini. L'inclinaison de l'échantillon peut aussi être utilisée pour reboucher une ouverture : un angle de 45° est particulièrement adapté pour obtenir une croissance préférentielle sur les flancs situé à la hauteur de la section émergente d'un motif plutôt que sur le fond de motif [Kan05]. L'inclinaison du substrat provoque généralement une modification le taux de recouvrement d'une surface non plane [Paw09]. Ce phénomène implique un étalonnage de la vitesse de dépôt en fonction de l'angle d'inclinaison. De plus, l'inclinaison de l'échantillon provoque une modification des propriétés du matériau déposé [Lio06] [Buz04] [Buz05] [Xu06].

[Aya09]	Ayanoor-Vitikkate V., Chen K. L., Park, Kenny T. W., *Development of wafer scale encapsulation process for large piezoresitive MEMS devices*, sensors and actuators A 156, 2009, 275-283
[Bil05]	Billard A., Perry F., *Pulvérisation cathodique magnetron*, Techniques de l'ingénieur, M1654, 2005
[Buz04]	Buzea C., Robbie K., *Nano-sculptured thin film thickness variation with incidence angle*, journal of optoelectronics and advanced Materials, 6, 2004, 1663-1268
[Buz05]	Buzea C., kaminska K., Beydaghyan G., Brown T., Elliott C., Dean C., Robbie K., j. Vac. Sci. Technol. B 23, 6, 2005, 2545
[Cha02]	Charlot B., *Les technologies de fabrication des microsystèmes, Conception des microsystèmes sur silicium*, Edition Lavoisier, 2002. ISBN 2-7462-0506-8
[Kan05]	Kanda A., Wada M., Hamamoto Y., Oottuka Y., simple and controlled fabrication of nanoscale gaps using double angle evaporation, Physica E. 29, 2005, 707-711
[Lio06]	Liou W. R., Chen C. Y., *An improved alignement layer grown by oblique evaporation for liquid cristal devices*, dispays, 27, 2006, 69-72
[Mad02]	Madou M. J., *Handbook Fundamentals of microfabrication: the science of miniaturization*, second edition, 2002
[Mas03]	Massenat T. M., *Circuit en couches minces*, Techniques de l'ingénieur ref E3365. 2003
[Mon91]	Monk D.J., Soane, D.S., Howe R.T., *Sacrificial layer SiO₂ wet etching for micromachining applications*, Solid-State Sensors and Actuators, Digest of Technical Papers, Transducers'91, 1991, 647 - 650
[Park03]	Park T., Candler R.N., Kronmueller S., Lutz M., Partridge A., Yama F., Kenny T.W., *Wafer-scale film encapsulation of micromachined accelerometers*, 12th International Conference on Solid State Sensors, Actuators and Microsystems, Transducers '03, Boston, 2003
[Part01]	Partridge A., Rice A.E., Kenny T.W., Lutz M., *New thin film epitaxial polysilicon encapsulation for piezoresistive accelerometers*, 14th International Conference on Micro Electro Mechanical Systems (MEMS'01), Interlaken, 2001, 54–59

[Paw09] Pawar A. B., Kretzschmar I., *Multifunctinal Patchy particules by Glancing angle Deposition*, Langmuir, 2009, 25, 16, 9057-9063

[Xu06] Xu Y., Lei C. H., Ma B., Evans H., Efstathiadis H., Rane M., Massey M., Balachandran U., Bhattacharya R., *growth of textured MgO through e-beam evaporation and inclined substrate deposition*, supercond. Sci technol, 19, 2006, 835-843

[Zhan04] Zhang C., Najafi K., *Fabrication of thick silicon dioxide layers for thermal isolation*, J. Micromech. Microeng. 14, 2004, 769–774

Annexe L : BCB

Le bis-benzocyclobutène (BCB) est un polymère composé à la base du monomère α-chloro-oxylène (**Figure I.1**). La réaction de polymérisation a lieu par activation thermique, les monomères il y a ouverture du cycle du benzocyclobutène des monomères. La molécule formée, la o-quinodiméthane réagie ensuite avec une fonction alcène présente dans le film de BCB par la réaction de Diels-Adler pour la formation du polymère final. De plus ce matériau se comporte comme un diélectrique (**Tableau I.1**).

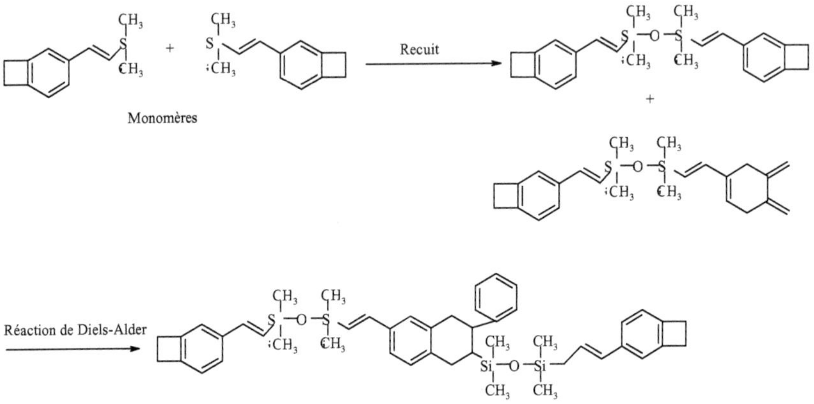

Figure I.1: Réactions de polymérisations du BCB

Propriété	Valeur
Module d'Young	2.0±0.2GPa
Force en traction	85±9MPa
Coefficient d'expansion thermique	36-61ppm.K^{-1} (-50. à 175°C)
Densité	1.05kg.dm^3
Constante diélectrique	2.65 (1-10GHz)
Conductivité thermique	0.29W.m^{-1}.K^{-1}

Tableau I.1: Caractéristiques mécaniques et électriques du BCB

Oui, je veux morebooks!

I want morebooks!

Buy your books fast and straightforward online - at one of the world's fastest growing online book stores! Environmentally sound due to Print-on-Demand technologies.

Buy your books online at
www.get-morebooks.com

Achetez vos livres en ligne, vite et bien, sur l'une des librairies en ligne les plus performantes au monde!
En protégeant nos ressources et notre environnement grâce à l'impression à la demande.

La librairie en ligne pour acheter plus vite
www.morebooks.fr

VDM Verlagsservicegesellschaft mbH
Heinrich-Böcking-Str. 6-8
D - 66121 Saarbrücken

Telefax: +49 681 93 81 567-9

info@vdm-vsg.de
www.vdm-vsg.de

Printed by Books on Demand GmbH, Norderstedt / Germany